観察する目が変わる
植物学入門

矢野興一・著
Okihito Yano

意外と知らない
草木のつくり

ベレ出版

はじめに

　私たちはふだん、身のまわりで何気なく植物を目にしています。道路や庭に植えられている樹木、道端に生えている草、花屋さんで見かける美しい花などをはじめ、野菜や果物、穀物などふだん食べているのも植物の一部です。

　これらの植物について、もっと知りたいと思ったことはないでしょうか。例えば、庭に生えてきた植物の名前を知りたい、ふだん食べている野菜やフルーツは植物のどの部分なのか、などに興味を持ったことがあるかと思います。しかし、植物に興味を持ち、知りたいと思っても、図鑑の見方や、名前の調べ方がよくわからなくて、あきらめてしまった人も多いのではないでしょうか。

　植物の形はとても多様です。見た目ですぐわかる形の違いもあれば、同じようなつくりでも、植物学的には全く異なる部分であることもあります。例えば、庭木や街路樹としてよく植えられているハナミズキの花びらのように見えるものは、実際は葉が変形したものであることや、食用にされるサツマイモとサトイモでは植物のからだの異なった部分を食べていることなど、よく目にしている植物でも、からだのつくりについては、あまり知らないこともあります。

　本書は、身近にある植物を数多く例にとりあげ、植物のつくりの基本を知りたい人や、植物についてより深く学びたいと考えている人の

ために書きました。もちろん、これから植物を楽しみたいと考えている人や、植物に関連した専門的な勉強をしている人にも読んでいただきたいと思います。

　植物には多くの種類がありますが、この本では、形が多様で、身近によくある被子植物を中心に説明しました。

　植物のつくりの基本を理解すれば、図鑑を使って、植物の名前を調べるのも簡単になり、身近な植物について、手にとってみたときに、どのような見方をしたらよいのかがわかるようになると思います。わかるようになると、植物をもっと楽しむことができ、さらに知りたいことや興味を持つことも増えるでしょう。また、本書を片手に、身近な植物はどのタイプの花や葉を持つのかを調べても楽しいかと思います。

　この本を書くにあたり、植物画家の西本眞理子氏（岡山植物画の会、日本植物画倶楽部）には、たくさんの美しい線画を提供して頂きました。また、石綱史子氏、大森雄治氏（横須賀市立自然・人文博物館）、坂本真理子氏、堂囿いくみ氏（東京学芸大学）、中村圭司氏（岡山理科大学）、矢後勝也氏（東京大学）には、いくつかの写真を提供して頂きました。東京大学総合研究博物館の池田博先生には、数々の助言を頂きました。この場を借りてお礼を申し上げます。最後に、この本の編集を担当してくださいましたベレ出版の永瀬敏章さんに深く感謝いたします。

　　　　　　　　　　　　　　　　　　　2012年4月　矢野興一

観察する目が変わる植物学入門 — 目次
意外と知らない草木のつくり

はじめに …………………………………………………………… 3

第1章 植物とは……13

1 植物の種類 ………………………………………… 14

2 植物のつくり ……………………………………… 16

第2章 根……19

1 いろいろな形や働きをする特殊な根 …………… 21

養分や水を貯えている根 ………………………… 21
呼吸をする根……………………………………… 22
地上の茎から伸びて体を支える根 ……………… 22
はりつく根 ………………………………………… 25
空中の根 …………………………………………… 25
寄生する根 ………………………………………… 26
根にあるコブ……………………………………… 27

第3章　茎 ……… 29

1　茎の性質 …………………………………………… 31

　地表をはって伸びる茎 ……………………………… 32
　巻きつく茎 …………………………………………… 33
　よじのぼる茎 ………………………………………… 33
　地中の茎 ……………………………………………… 34

2　いろいろな形や働きをする特殊な茎 …………… 35

　巻きひげになっている茎 …………………………… 35
　トゲ状の茎 …………………………………………… 37
　平らな茎 ……………………………………………… 38
　多肉質の茎 …………………………………………… 39
　球茎 …………………………………………………… 40
　塊茎 …………………………………………………… 41
　鱗茎 …………………………………………………… 41

第4章　葉 ……… 43

1　葉とは ………………………………………………… 44

　葉身 …………………………………………………… 44
　葉柄 …………………………………………………… 46
　托葉 …………………………………………………… 46

| 2 | 葉の基部の特徴 …………………………………… | 47 |

| 3 | さまざまな葉身の形と脈 …………………… | 49 |

  単葉 ……………………………………………… 50
  複葉 ……………………………………………… 50
  葉脈 ……………………………………………… 52

| 4 | 葉のつき方 ……………………………………… | 53 |

  互生 ……………………………………………… 53
  対生 ……………………………………………… 54
  輪生 ……………………………………………… 55

| 5 | 葉の変形 ………………………………………… | 55 |

  トゲ状の葉 ……………………………………… 55
  巻きひげになっている葉 ……………………… 56
  虫を捕まえる葉 ………………………………… 56
  光合成をおこなわない小型の葉 ……………… 57
  同じ木でも形の異なる葉 ……………………… 58
  日向の葉と日陰の葉 …………………………… 59

| 6 | 花を包んでいる葉 ……………………………… | 59 |

  花びらのような葉 ……………………………… 60
  小さな苞葉 ……………………………………… 62
  温室のような役割をする苞葉 ………………… 62

豆ちしき ① ・クロマツとアカマツの葉 ………………… 64

第5章 花 ……… 65

1 花のつくり …………………………………… 66
 花葉が生じる茎 ……………………………… 67
 豆ちしき ②・ハスの花 ……………………… 68
 萼 ……………………………………………… 69
 豆ちしき ③・梅雨の花、アジサイ ………… 74
 花冠 …………………………………………… 75
 雄しべ（雄ずい）……………………………… 77
 雌しべ（雌ずい）……………………………… 82

2 花の対称性と花葉の数 ………………………… 87
 豆ちしき ④・単子葉植物と双子葉植物の見分け方 ………… 90

3 いろいろな形の花冠 ………………………… 91
 ナデシコに特有な花 ………………………… 91
 十字形の花 …………………………………… 92
 バラ科に特有な花 …………………………… 93
 マメ科に見られる花 ………………………… 94
 スミレの花 …………………………………… 96
 トリカブトの花 ……………………………… 99
 壺のような花 ………………………………… 101
 先が大きく分かれている細長い筒状の花 ……… 102
 アサガオの花 ………………………………… 103

ナスの花 …………………………………………… 104
キキョウの花 ……………………………………… 106
唇のような花冠 …………………………………… 108
キク科に特有な花 ………………………………… 110
ユリの花 …………………………………………… 112
ラン科に特有の花 ………………………………… 114

4 花の集まり方やつき方 …………………………… 117
いろいろな総穂花序 ……………………………… 117
いろいろな集散花序 ……………………………… 119
複数の花序 ………………………………………… 122

豆ちしき⑤・セーター植物 ……………………………… 126

5 花粉の媒介 ……………………………………………… 128
花と風 ……………………………………………… 128
花と昆虫 …………………………………………… 132
花と動物 …………………………………………… 138
花のにおいと昆虫 ………………………………… 139
昆虫の好きな花の色 ……………………………… 142

6 花の性 …………………………………………………… 145

豆ちしき⑥・花粉症の原因 ……………………………… 146

第6章 果実 ……… 149

1 さまざまな種類の果実 …………………………… 151

2 いろいろな乾果 ………………………………… 151
  - 袋のような裂開果 ……………………………… 151
  - 複数の心皮がくっつき合っている裂開果 ……… 152
  - アブラナ科に特有の果実 ……………………… 153
  - マメ科に特有の果実 …………………………… 154
  - 薄い果皮に覆われた乾果 ……………………… 154
  - イネ科に特有の果実 …………………………… 155
  - 堅い殻に覆われた乾果 ………………………… 156
  - 翼を持つ乾果 …………………………………… 156
  - 分離果と節果 …………………………………… 157

3 いろいろな液果 ………………………………… 159
  - 中果皮も内果皮も水分が多い液果 …………… 159
  - ミカンの仲間に特有な液果 …………………… 159
  - ウリ科に特有な液果 …………………………… 160
  - 内果皮が硬くなった液果 ……………………… 160
  - ナシやリンゴに特徴的な果実 ………………… 162

4 複数の子房からできている果実 ……………… 162
  - キイチゴの果実 ………………………………… 163
  - イチゴの果実 …………………………………… 163

バラの果実 …………………………………… 164
クワの果実 …………………………………… 164
イチジクの果実 ……………………………… 165

第7章 種子 ………167

1 種子の付属物 ……………………………… 169

糖質や脂質を含んでいる付属物 …………… 169
種子を覆う液質の付属物 …………………… 170
毛の束を持つ種子 …………………………… 170
翼を持つ種子 ………………………………… 171

第8章 植物の戦略 ………173

1 種子散布 …………………………………… 174

風に運ばれるもの …………………………… 174
水に運ばれるもの …………………………… 176
弾き飛ばされるもの ………………………… 177
動物に付着するもの ………………………… 177
動物に食べられるもの ……………………… 179
動物の食べ残し ……………………………… 182

2 植物の防御 ……………………………………… 183

物理的な防御 ……………………………………… 183
化学的な防御 ……………………………………… 185
植物と昆虫の関係 ………………………………… 188
アリのパトロール ………………………………… 189

第9章 植物の分類と名前 ……… 191

参考文献 ……………………………………………… 197
事項索引 ……………………………………………… 198
植物名索引 …………………………………………… 205

本書に記載されている製品名などは、一般にそれぞれ各社の商標、登録商標、商品名です。

第1章

植物とは

第1章 植物とは

1 植物の種類

　私たちがよく耳にしたり目にしたりする植物の種類といえば、草と木、常緑樹と落葉樹、広葉樹と針葉樹、単子葉植物と双子葉植物などでしょうか。ひとくちに植物といっても、呼び方も分け方もさまざまです。

　草か木かというのが、最もよく使われている分け方かと思います。例えば、タンポポ（キク科タンポポ属植物）は草、ブナ（ブナ科）は木というのはすぐわかるでしょう。では、イネ科植物のタケやササはどちらでしょうか？　一般的に木は、地上の茎が堅くなって「木化」し、さらに木化しても茎は太り続けて成長できるものとされています。それに対して草は、地上の茎が木化していないものとされています。木化してなお太り続けることができる植物は、マツ（マツ科マツ属植物）やスギ（ヒノキ科）などの裸子植物と双子葉植物の一部で、このような植物を「木本」といい、木化できない植物を「草本」といいます。しかし、ササやタケは単子葉植物ですが、茎は木化します。厳密にいうとこれらは木本にはあてはまらず、草本とも思えず、少し曖昧なもので、じつは草と木というのは明確に区別することが難しいものなのです。

　典型的な草本でも、アブラナ（アブラナ科）のように1年でタネから芽が出て花や実をつけて枯れてしまうもの（一年生草本）、ヒメ

ジョオン（キク科）などのように1年目に成長して2年から数年目で花や実をつけて枯れてしまうもの（二年生草本）、ススキ（イネ科）のように地下部が2年以上生存して、2回以上毎年花や実をつけるもの（多年生草本）などがあります。このように、生活型や習性によって草本はさらに区分されています。

一方、木本は高さや幹の形でいくつかに区分されています。ヒノキ（ヒノキ科）やブナのように中心になる太い幹（主幹）が明瞭で、上部で枝分かれして、高さが8m以上のものは「高木（こうぼく）」、ツバキ（ツバキ科）のように高木より少し低くて3～8mのものは「亜高木（あこうぼく）」といいます。よく庭木として植えられているアオキ（ガリア科）のように、根元から枝分かれしていて、主幹が明瞭でなく、高さが0.3～3mのものを「低木（ていぼく）」と呼びます。

木本は、アオキのように1年を通して葉をつけている「常緑樹」と、カエデの仲間（ムクロジ科カエデ属植物）のように葉が落ちる「落葉樹」、ブナのように幅の広い葉を持つ「広葉樹」と、マツやスギのように針状の細い葉を持つ「針葉樹」など、葉をつけている期間や葉の形で分けられることもあります。

また、テッポウユリ（ユリ科）などの「単子葉植物」とソメイヨシノ（バラ科）などの「双子葉植物」のように、子葉の数あるいは類縁関係で区分されることもあります。

ガマ（ガマ科）のような「水生植物」、高山のお花畑を彩る「高山植物」、ハマヒルガオ（ヒルガオ科）のような「海浜植物」など、生育している環境によって区分されることもあります。

このように呼び方や区分の仕方がいろいろあるということは、それだけ植物の種類が多いということです。

2 植物のつくり

　植物のからだを構成しているパーツは何かと質問すると、まず目につく花と答える人が多いと思います。そして、茎や葉、地下の根っこ、ともちろん答えられるでしょう。

　植物学的にいうと植物のからだは、「栄養器官」と「生殖器官」に大きく分けることができます。栄養器官は成長に必要な基本的な器官で、根や茎、葉などです。生殖器官は子孫を残すための働きをするもので、果実や種子をつくる花が生殖器官になります。

　根はふつう地中にあって、中心に太い根があり、そのまわりに細い根が出て、繰り返し枝分かれしています（**図1**）。そして地上には、ふつうは茎があり、芽や葉は茎の決まった場所につきます。

　種子から芽を出して、最初に出す葉を「子葉（しよう）」と呼び、子葉より下の部分を「胚軸（はいじく）」といいます。植物には、ススキやテッポウユリなどの単子葉植物と、ツバキやサクラ（バラ科サクラ属植物）などの双子葉植物があり、子葉が1枚のものが単子葉植物で、双子葉植物は子葉が2枚のものです。

　茎は、子葉の間にある芽から伸びます。茎の葉がついている部分を「節（せつ）」といい、節と節の間を「節間（せっかん）」と呼びます。タケは節が隆起しているため、節と節間がすぐにわかります。植物の地上部のからだは、節と節間の繰り返し構造となっています。枝分かれした新しい茎は、ほとんど例外なく、葉の付け根の上側の「葉腋（ようえき）」という部分から出ます。芽も茎の決まった場所から出て、茎の先端の芽は「頂芽（ちょうが）」、葉の付け根の葉腋からでる芽は「腋芽（えきが）」と呼びます。花は茎の先端や葉腋につきます。木でも草でも植物のからだのつくりは、よく観察すると、単純なものが繰り返しになった構造をしています。このように植物のか

第1章●植物のつくり

らだのつくりは、でたらめに葉や芽をつけるのでなく、基本ルールがあるのです。

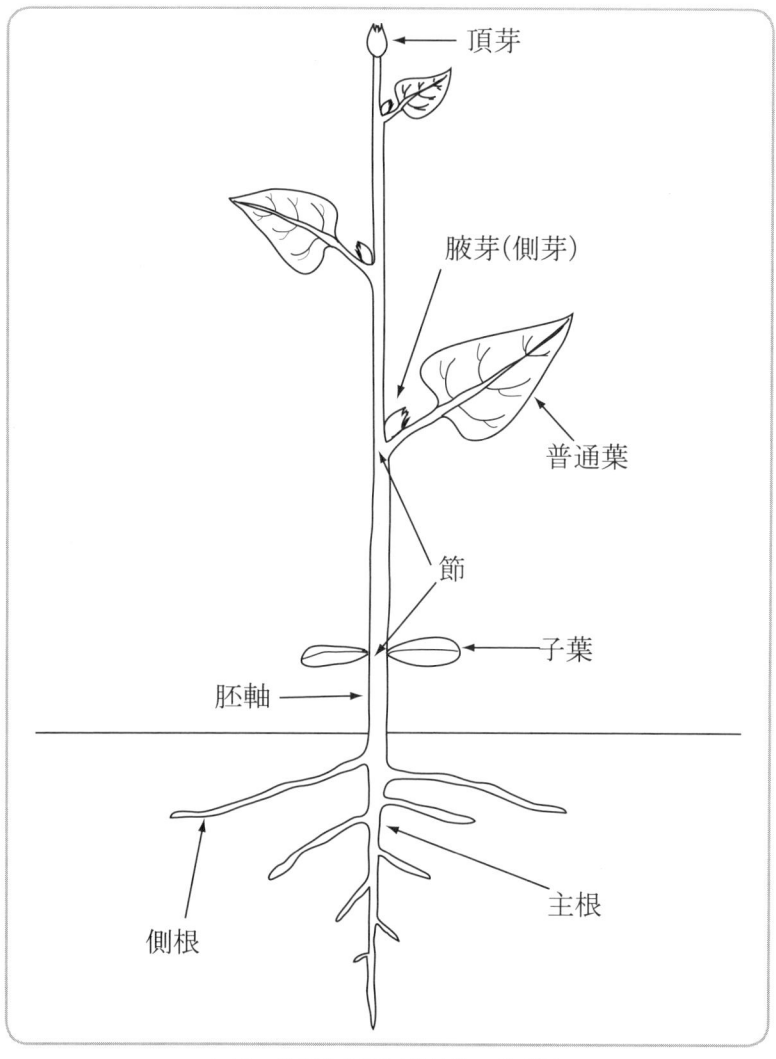

図1. 典型的な双子葉植物の模式図

17

メモ欄

第 2 章

根

第2章　根

　根は、植物体が倒れないように支えるとともに、水や養分の吸収・運搬をおこなっています。種子から発芽すると、種子の中の「幼根」が伸びて、やがて発達して中心となる太い根になります。この中心の太い根を「主根」と呼びます。ふつう主根は肥大して、伸びて、まわりに細い根を出します。この細い根を「側根」といいます。裸子植物と双子葉植物のほとんどは、中心に主根、まわりに側根という繰り返し構造の「直根系」の根を持ちます（図2）。

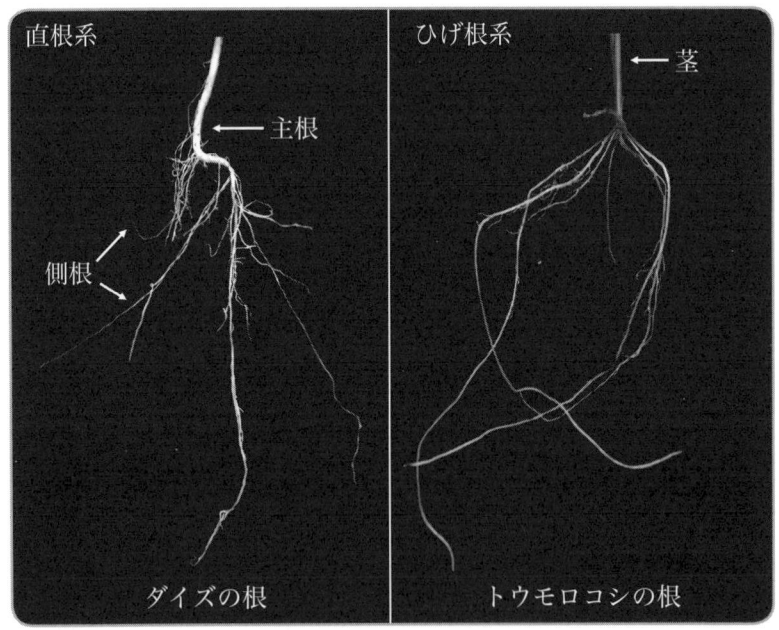

図2. 直根系とひげ根系

　これに対して、イネ科のような単子葉植物では、主根は生育の初期

には見られますが、ほとんど発達しません。そのかわりに茎や茎の節から多くの細いひげ根を出します。これを「ひげ根系」と呼んでいます。ちなみに、このような根以外から生じた根は「不定根」といいます。

1 いろいろな形や働きをする特殊な根

根には、環境に適応し、形や働きを変えて特殊な役割をするものがあります。

● 養分や水を貯えている根

根のなかには、太くなってデンプンなどの養分や水を貯えているものがあります。これを「貯蔵根」と呼びます。貯蔵根はふつう地中にあって不定形に肥大したものが多く、一般的に「塊根」といいます。

食用になるサツマイモ（ヒルガオ科）はデンプンを貯えた塊根で、主根ではなく、ひげ根が肥大したものです。庭によく植えられているジャノヒゲ（キジカクシ科）も、ひげ根が肥大した塊根を持ちますが、紡錘形になることから、その名のとおり「紡錘根」と呼ばれています。

一方、根菜として食用にされるダイコン（アブラナ科）やニンジン（セリ科）、カブ（アブラナ科）などは、主根や胚

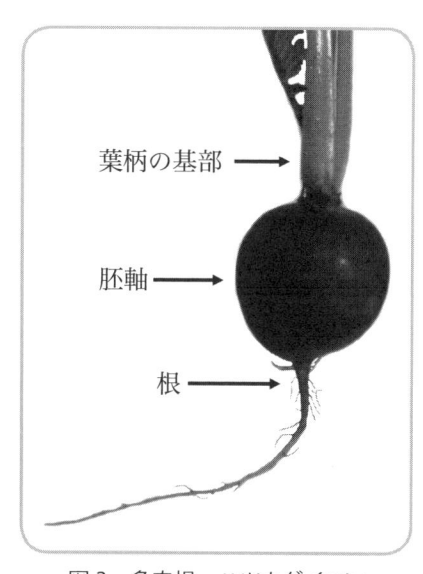

図3. 多肉根－ハツカダイコン

軸が肥大したもので、「多肉根（たにくこん）」といいます（**図3**）。ニンジンは主根が大きくなったもので、ダイコンは子葉より下の胚軸と主根が養分を貯えて連続的に肥大したものです。カブは胚軸部が太くなり、主根は細いしっぽのような部分です。ちなみにラディッシュ（アブラナ科ハツカダイコン）もカブと同じような形をしています。

私たちがふだん植物の同じところを食べていると思っていたニンジンとカブは、じつは植物学的には異なる部分だったのです。

● 呼吸をする根

マングローブ地帯のような、水や泥の中から酸素を取り入れることが困難なところに生えている植物は、根の一部を地中から出して空中で呼吸する「呼吸根（こきゅうこん）」を持ちます。呼吸根は、その形から「屈曲膝根（くっきょくしつこん）」や「板根（ばんこん）」などに区分されます。

オヒルギ（ヒルギ科）のようなマングローブ植物は、上下に折れ曲がりながら横に伸び、ところどころに空気中に現れる屈曲膝根を持ちます（**図4**）。

沖縄に自生しているサキシマスオウノキ（アオイ科）には、横に広がった根が波打ちながら板状に肥大する板根が見られます（**図5**）。板根は呼吸以外にも、植物体を支える役割があります。アマゾンなどの熱帯雨林では、雨で土が流されてしまうために、深く根をはれず、板根を持つものが見られます。

東京都内のいくつかの植物園でも、板根を持つ熱帯系の植物や、呼吸根のあるヌマスギ（ヒノキ科）などを身近に観察することができます。

● 地上の茎から伸びて体を支える根

根はふつう地面の下から出て、植物体を支えていますが、なかには

図4. 屈曲膝根－マングローブ植物

図5. 板根－サキシマスオウノキ

地上の茎から伸びて、地中に潜り込んで植物体を支える「支柱根(しちゅうこん)」を持つ植物もあります。

マングローブ植物や小笠原諸島固有のタコノキ（タコノキ科）にはたくさんの顕著な支柱根が見られ、植物体を支えています（図6)。

図6. 支柱根－マングローブ植物

身近なものでは、あまり目立ちませんが、トウモロコシ（イネ科）にも支柱根を見ることができます。一度、じっくりと観察してみてはどうでしょう。

● はりつく根

　ツタ（ブドウ科）が、建物の壁を覆いつくすように生えている様子を、見たことがある人も多いと思います。また、最近では、壁面緑化に注目が集まり、外国産のカナリーキヅタ（ウコギ科）が用いられることもあります。

　壁を覆っているこれらのツタは、なぜ壁から剥がれて落ちてこないのでしょうか。これは、1つの理由として、茎から「付着根」と呼ばれる多数の不定根を出して、他のものにはりついて植物体を支えているからです（図7）。

　さらにツタは、茎にも壁にはりついて落ちてこない仕組みを持っていますが、これは後に「巻きひげになっている茎：35ページ」で説明します。

図7. 付着根－カナリーキヅタ

● 空中の根

　地面に根をおろさず、樹の上で生活するラン科の植物の仲間は、付着根の他に、空中に出す不定根の「気根」を持ちます。特に、気根の先端の表皮が何層にも重なって厚くなったものは「根被」と呼ばれ、気根を保護するとともに、空気中の水分を吸収しています。これを「吸水根」といいます。樹の上で生活するので、他のものにはりつ

く根と、空気中の水分を吸収する根が必要になって、そのように変形させたと考えられます。

身近なものでは、観賞用植物として鉢植えなどにされているデンドロビウム（ラン科セッコク属）で見ることができます（図8）。

図8．気根 ― デンドロビウム

● **寄生する根**

空気中の水分を得るための根を持つ植物もありますが、他の植物から水や栄養を得るための根を持つ植物もあります。いわゆる「寄生植

図9．アメリカネナシカズラ

物」や「半寄生植物」と呼ばれる植物で、根を宿主植物に侵入させて、水や栄養を得ているのです。このような根を「寄生根」といいます。

　河原や荒地の草原に見られるヒルガオ科のアメリカネナシカズラ（北米原産のつる性の寄生植物）は、種子から発芽した後に主根はまもなく枯れますが、近くに生えている植物に巻きついた茎から随所に寄生根（不定根）を出し、宿主に侵入します（図9）。

　また、サクラやコナラ（ブナ科）などの樹の幹に寄生するヤドリギ（ビャクダン科）は、自分でも栄養をつくり出す半寄生植物ですが、他の植物にくっつき、寄生根を出して、樹木の枝の中に侵入して水と栄養分を吸収します。

● 根にあるコブ

　カラスノエンドウ（ヤハズエンドウ）のようなマメ科植物の根には、小さなコブが見られます。草むしりをするときに、ちょっと観察してみてください。これは根に根粒菌と呼ばれる細菌が侵入してつくられた構造物で、「根粒」といいます。

　根粒菌は、植物から栄養分をもらって生活するとともに、地中の窒素をアンモニアなどに変えています。一方、植物は気体状の窒素を栄養として利用できないため、根粒菌が作るアンモニアなどを利用して、栄養源を得ています。

　このように、植物は菌をうまく利用し、菌も植物から利益を得ているのです。

メモ欄

第3章

茎

第3章 茎

　茎は葉をつける器官で、逆に葉がついているところは茎になります。茎は、植物体を支えるとともに、根と葉の間の水や養分の通路にもなっています。

　ほとんどの被子植物では、茎の節間の横断面は、ほぼ円形をしていますが、なかには四角形や三角形をしているものもあり、植物を見分けるポイントになります（図10）。

　身近なものでは、シソ（シソ科）の仲間は、節間の横断面が四角形です。紙の原料で有名なパピルス（カヤツリグサ科カミガヤツリ）の仲間は三角形をしています。

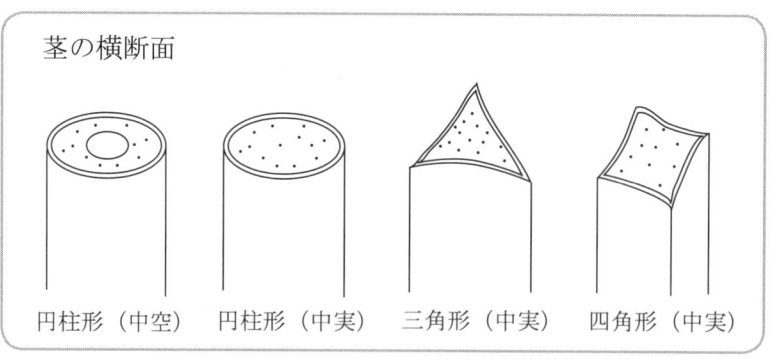

図10. 茎の横断面の模式図

　また、茎の節間の中心部（髄と呼ばれるところ）が空洞になっているものもあります。タデ（タデ科ヤナギタデ）やイネ科などの節間の中心部は、必ず空洞です。例えば、コムギはイネ科なので、茎の中心部は空洞でストローのような構造をしています。ですので、麦わら帽

子は英語でストローハットといいます。

　道端でよく見かける2種類のキク科植物、ハルジオンとヒメジョオンも、節間の中心部が空洞か空洞でないかで見分けることができます。この2種はよく似ていますが、ハルジオンは空洞で、ヒメジョオンは空洞がないことで見分けることができるのです。

1　茎の性質

　私たちがふだん見ている茎は、地面より上にあり（地上茎）、直立しているものが多いと思います。植物学的にはこのような茎を「直立茎（ちょくりつけい）」といいます。

　地上の茎には直立茎のほかに、地表をはって伸びる「匍匐茎（ほふくけい）」、つるとなって他のものに巻きついて伸びる「巻きつき茎」などもあります。

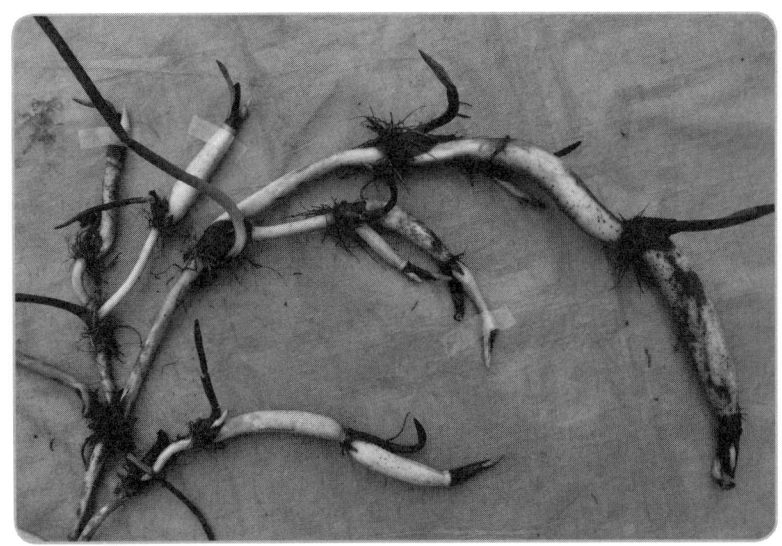

図11．根茎 ─ ハス（撮影：石綱史子氏）

また、地中にも茎のある場合があります。これを「地下茎」と呼んでいます。地下茎のうち、特殊な役割をしていないものを「根茎」といい、根茎をもつ植物を「根茎植物」と呼びます。例えば、私たちがふだん食べているレンコンは、ハス（ハス科）の根茎です（図11）。根茎にも直立したものと水平方向に伸びるものがあります。

● 地表をはって伸びる茎

イネ科ギョウギシバ（いわゆる芝草の1つであるバミューダグラス）や、雑草のヘビイチゴ（バラ科）などは、じゅうたんを敷いたように一面に広がって生えます。なぜでしょうか。これは、ギョウギシバやヘビイチゴなどが、地表をはって伸びながら、節から多くの根を出す

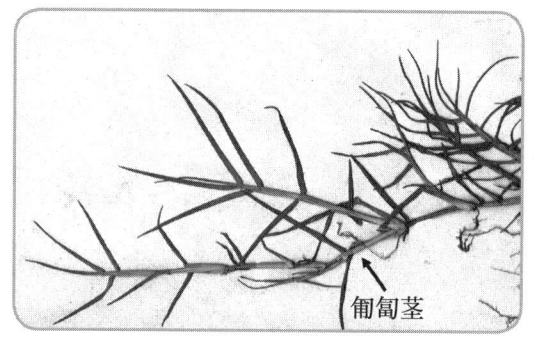

図12. 匍匐茎 ― ギョウギシバ

「匍匐茎」という茎を持つからです（図12）。

また、草本で主茎の基部の節から出て、このような性質を示す枝を「匍匐枝（ストロン）」と呼んでいます。匍匐枝も節から根を出し、葉や花も出し、節間がちぎれると独立した植物になります。バラ科のツルキジムシロやシソ科のカキドオシで見ることができます。

同じように地表面を水平にはって伸びる枝に「走出枝（ランナー）」と呼ばれるものがあります。走出枝も節から葉を出しますが、匍匐枝と異なり、根は出さず、先端だけに子株をつくります。ランナーはユキノシタ（ユキノシタ科）やイチゴ（バラ科オランダイチゴ）で観察

できます。

　いずれにしてもストロンやランナーを持つ植物は、先端からその植物のクローンを増やすことができるのです（栄養繁殖）。

● **巻きつく茎**

　夏休みにアサガオ（ヒルガオ科）を育てた経験がある人も多いのではないでしょうか。成長していく様子を観察するのは楽しいものです。

　アサガオが成長すると、支柱が必要になります。これはアサガオが、つるになって支柱に巻きついて伸びる「巻きつき茎」と呼ばれる茎を持っているからです。そのような茎を持つ植物を「巻きつき植物」といいます。公園や学校などによく植えられているフジ（マメ科）も巻きつき植物です。

　つるの巻き方は植物を見分けるポイントになる場合があります。例えば、上から見たときに、フジ（ノダフジ）は時計回り（右巻き）に巻き上げますが、ヤマフジ（マメ科）は反時計回り（左巻き）です。しかし、下から見ると反対巻きに見えますので、見分けるポイントとしては少し曖昧なものです。ちなみにフジの花は美しくてきれいですが、天ぷらにして食べることもできます。

● **よじのぼる茎**

　つるになって、巻きひげや付着根を出して、他のものにすがりついて伸びる茎を「よじのぼり茎」といい、そのような茎を持つ植物を「よじのぼり植物」と呼んでいます（図13）。例えば、ブドウ（ブドウ科）は巻きひげを出してつかまり、ツタは巻きひげの先が「吸盤」になっています。

　巻きつき植物やよじのぼり植物は一般的に「つる植物」と呼ばれ、

多くの光を得るために、上へ上へと伸びようとします。

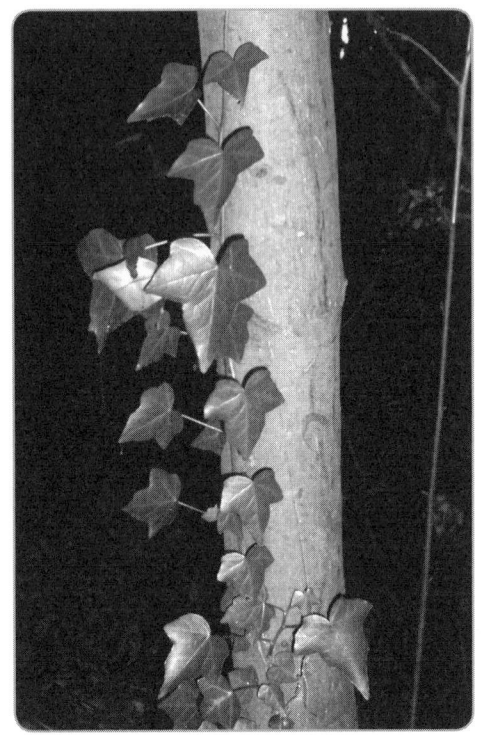

図 13. よじのぼり茎－ウコギ科キヅタ

● 地中の茎

　リンドウ科のリンドウ（図 14）は、地中を垂直方向に伸びる「直立根茎」を持ちますが、アマドコロ（キジカクシ科）は、地中を水平方向に伸びる「横走根茎」を持っています。

　地中の茎は、根と同じように植物体を支える役割をするものや、生育地を拡大するためのもの、あるいは地上部が枯れても地下部で伸びて翌年に備えるものがあります。

図14. リンドウ（絵：西本眞理子氏）

　また、特に横走根茎のなかで、節間が長く伸びているものを「匍匐根茎（ほふくこんけい）」と呼んでいます。匍匐根茎は、身近なものでは池や沼に生えるガマで見ることができます。

2　いろいろな形や働きをする特殊な茎

　茎のなかにも、環境に適応して、形や働きを変えた特殊な役割をする茎があります。

● 巻きひげになっている茎

　ツタやブドウなどのよじのぼり植物で見られる巻きひげは、茎（枝）

が変形したものです。これを「茎巻きひげ」と呼びます。

　巻きひげには葉が変形したもの（葉巻きひげ：56ページを参照）もありますが、ブドウやヤブガラシ（ブドウ科）は、葉のつき方から茎が変形したものであることがわかります（図15）（葉のつき方：53ページを参照）。

図15. 茎巻きひげ－ヤブガラシ

　ツタの吸盤も、巻きひげの先が他のものに吸着するために変形したものです（図16）。ツタが壁にはりついて落ちない理由の1つは、この吸盤があるからです。吸盤は植物が枯れても残っているので、壁などで吸盤だけを見ることもあります（図17）。

第 3 章●茎

図 16. 吸盤 ― ツタ

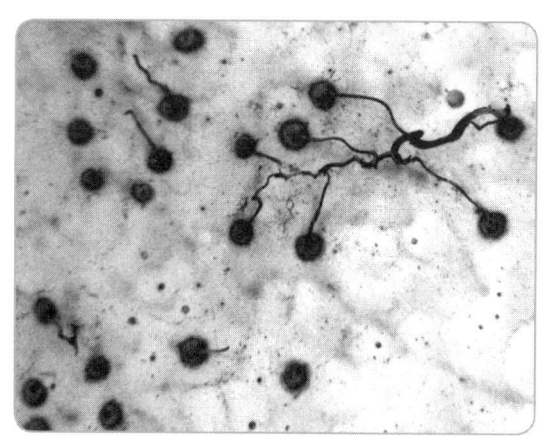

図 17. ツタの吸盤跡

● トゲ状の茎

樹木において、茎(枝)が木化して針状または鉤(かぎ)状になった茎を

37

「茎針」と呼びます。茎針は葉腋や茎頂にできます。身近なものでは、茎針はバラ科のボケで見ることができます（図18）。

図18. 茎針 — ボケ

茎針は一般的にトゲと呼ばれるものの1つですが、トゲにはさまざまな器官由来のものがあります（植物の防御：183ページを参照）。

● **平らな茎**

茎のなかでも、平べったい形に変形した茎を、特に「扁茎」と呼んでいます。

身近なものでは、観賞用植物のウチワサボテン（サボテン科）が、名前のとおり、ウチワのような平たい茎を持っています（図19）。ウチワサボテンは葉がトゲになり、扁平になった茎が光合成をする役割を担っているのです。ちなみに、このウチワサボテンの平らな茎をサボテンステーキなどとして食用にすることもあります。

また、特に葉のように見える扁茎を「葉状茎（ようじょうけい）」と呼んでいます。

図19. 扁茎－ウチワサボテンの一種 *Opuntia microdasys* (Lehm.) Pfeiff.（金烏帽子）

● **多肉質の茎**

　水を貯蔵している組織が発達し、厚く肥大した茎を「多肉茎（たにくけい）」と呼んでいます。乾燥した地域に生えるサボテン（サボテン科植物）など

で見られます。

　乾燥した地域以外でも、多肉茎を持つ植物はあります。塩分の多い湿地に生えて、紅葉することで知られているサンゴ草（ヒユ科のアッケシソウ）も、その1つです（図20）。

　多肉茎は、乾燥した環境などで水分を貯えるために適応した形と考えられます。

　アッケシソウは、国内では北海道の能取湖や厚岸湖、瀬戸内で見ることができますが、生育できる場所が限られているために、国内では絶滅危惧植物にされています。しかし、ヨーロッパでは野菜として市場で売られています。

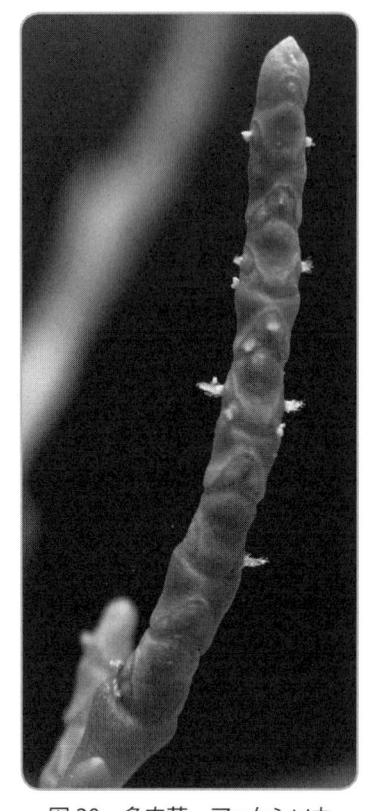

図20. 多肉茎－アッケシソウ

● 球茎

　私たちは、サトイモ（サトイモ科）の「イモ」を食用にしますが、これは根の部分ではなく、地上茎の基部で球形に肥大した「球茎」という地下茎です。球茎は養分を貯えて肥大したものです。

　観賞用植物のグラジオラス（アヤメ科グラジオラス属植物）の球根とされている部分も、じつは根ではなく、球茎なのです。

● 塊茎

　球茎はその名のとおり、球形に肥大した地下茎ですが、同じように養分を貯えて、不定形に肥大した地下茎を「塊茎」といいます。塊茎は、主に根茎の一部が肥大するか、匍匐根茎の先端につくられます。

　私たちがふだん食べているジャガイモ（ナス科）は塊茎です。ジャガイモの場合は、たくさんの芽を塊茎の上につけます。

　また、お正月に酢漬けにして食べるチョロギ（シソ科）も塊茎の一種で、くびれて数珠状になっていることから、特に「念珠茎」と呼ばれています。

● 鱗茎

　花壇によく植えられているチューリップ（ユリ科）の球根と呼ばれるものも、「鱗茎」といって、じつは根ではありません。これは、短い地下茎のまわりに肉質の「鱗片葉」という葉が多数重なって球形になったものです。普段食べているタマネギ（ネギ科）やニンニク（ネギ科）も鱗茎です（図21）。

　鱗茎の主体は茎ではなく鱗片葉で、養分が貯えられています。野菜売り場で売られているタマネギの大玉というのは、鱗片葉が肥大したものということになります。

　食用にされるニンニクの場合は、小さな鱗茎が

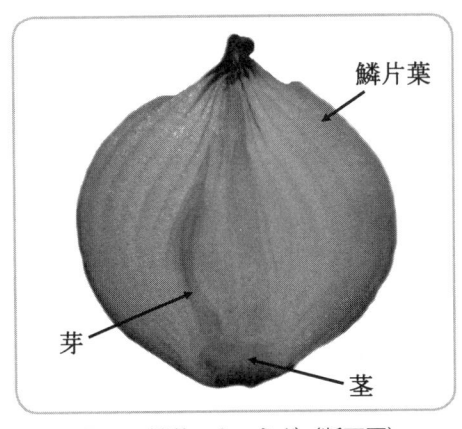

図21. 鱗茎－タマネギ（断面図）

いくつもあります。これは、鱗片葉の付け根（葉腋）に腋芽ができ、これが新しい鱗茎として発達したものです。

メモ欄

第4章

葉

第4章　葉

　私たちがふだん葉っぱと呼んでいるものは、一般的に「普通葉」のことをさしています。普通葉は茎のまわりについていて、多くのものが平たく、植物の生活に必要な光エネルギーを効率よく受け取るための形をしています。葉にはマツのような針形をしているものもあり、葉の形や働きにも多くの種類があります。

1　葉とは

　ふだん何気なく目にしている葉をよく観察してみると、多くの植物の葉は、主に3つの部分からできていることがわかります。それは、私たちがいわゆる葉っぱを認識するときに見ている、平たくて多くは緑色をしている部分（葉身）、柄の部分（葉柄）、そして葉柄などについている葉身とは形の異なる葉のような部分（托葉）です（図22）。

● 葉身

　多くの植物で見られる葉の平ら

図22. ヒマラヤザクラの葉

な部分は「葉身(ようしん)」と呼ばれ、光合成をおこなう主要な部分です。

葉身の形には、ヒマラヤザクラ（バラ科）のような楕円形（図22）から、バイモ（ユリ科）のような線形（図34：56ページを参照）、サルトリイバラ（サルトリイバラ科）のような円形（図25：47ページを参照）、ドクダミ（ドクダミ科）のような心形（図93：119ページを参照）まで、さまざまなものがあります。

葉身の縁のギザギザ（鋸歯(きょし)）の有無や、葉の切れ込みの有無などもいろいろなタイプのものがあります（図23）。例えば、イヌビワ（クワ科）の葉身の縁には鋸歯がありませんが（全縁）、ヒイラギ（モクセイ科）には鋭い鋸歯があり、また、ヤツデ（ウコギ科）には深い切れ込みがあります。

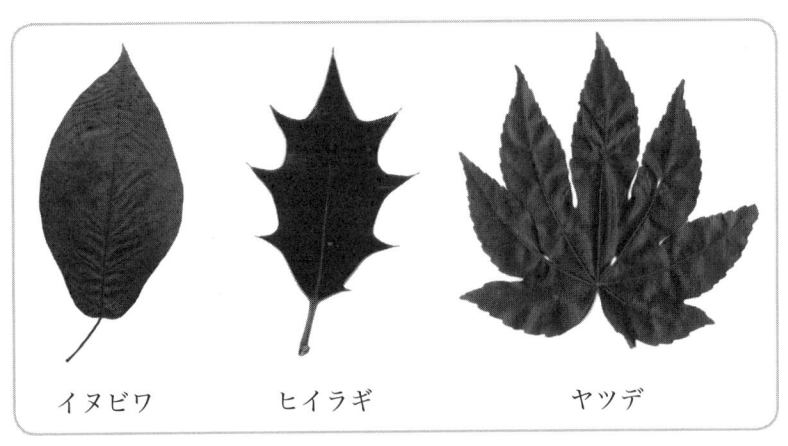

イヌビワ　　　ヒイラギ　　　ヤツデ

図23. 葉身の縁

これらの葉身の特徴は、植物を見分けるときのポイントになります。

物事には裏と表がありますが、葉身にも表裏があります。葉が作られるときに茎に向かっている面を「向軸面(こうじくめん)」と呼び、ほとんどの葉は向軸面が上面で、この面が表です。向軸面の反対側を「背軸面(はいじくめん)」といい、ふつうは背軸面が下面つまり裏になります。このように葉身に表

裏の区別があるものを「両面葉（りょうめんよう）」といいます。

　では、ネギ（ネギ科）やアヤメ（アヤメ科）のように、葉身が円筒形や二つ折りになって、葉の裏表が一見わからないものはどうでしょうか。これらは、葉の基部までたどって調べると、背軸面だけが見えていることがわかります。このような葉を「単面葉（たんめんよう）」と呼んでいます。

● 葉柄

　葉身と茎をつなぐ柄の部分を「葉柄（ようへい）」といいます。多くの植物の葉には葉柄がありますが、カーネーション（ナデシコ科オランダナデシコ）やチューリップの仲間など、葉柄がないものもあります。葉柄は、葉身を支えるとともに、茎と葉身の間の水や養分の通り道でもあります。

　葉柄のなかには変形したものもあります。例えば、ジャムやゼリーにされるスグリ（スグリ科）は、葉身が落ちた後、葉柄がトゲとなって残り、植物を保護する役割を持ちます。

● 托葉

　葉の基部付近の茎や葉柄に生じる、葉身以外の葉のような部分を「托葉（たくよう）」と呼んでいます。托葉は葉身より早く成長して、葉身を保護する役割を持っていますが、多くは後に落ちてしまいます（早落性（そうらくせい））。

　托葉のつく位置や形、大きさは多様で、植物の種類によっては見分けるときのポイントになる場合もあります。一般的に、托葉は双子葉植物でよく見られ、単子葉植物ではほとんど見ることができません。

　托葉は普通葉と形や大きさの異なるものがほとんどですが、道路脇によく生えているヤエムグラ（アカネ科）は、托葉と普通葉が全く同じ形をしており、一見して普通葉が6枚から8枚あるように見えます**（図24）**。そ

れでも、植物のつくりを知っていれば容易に区別できます。ヤエムグラは、2枚の普通葉が対生(54ページを参照)してつきます。また、普通葉の付け根の葉腋から腋芽を出します。つまり、ヤエムグラの普通葉は腋芽の出ているところのものと、その反対側に位置しているものとなり、残りは托葉です。

托葉のなかには変形して、ニセアカシア(マメ科)のように針状になったもの(托葉針)や、サルトリイバラのように巻きひげ(托葉巻きひげ)になったものもあります(図25)。

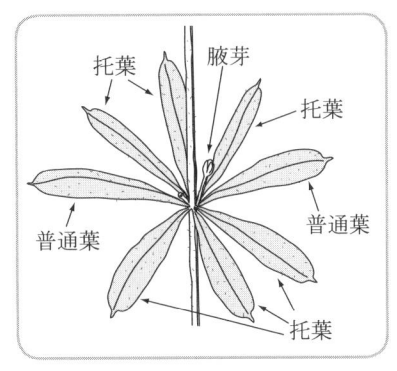

図24. ヤエムグラの普通葉と托葉

図25. 托葉巻きひげ－サルトリイバラ

2 葉の基部の特徴

葉柄がない場合には、葉の基部にいくつかの特徴が現れます。イネやススキなどの単子葉植物の多くは、葉の基部が筒のようになって、鞘のように茎を包み込んでいる場合があります。この鞘の部分を「葉鞘」といいます。

葉鞘は地上茎のみならず、地下茎から生じる場合もあり、地下茎から生じた葉鞘が多数重なり合って、あたかも地上茎のように見えるものもあります。これを「偽茎」と呼んでいます。偽茎はショウガ(ショ

ウガ科）で見ることができ、食用にされる葉ショウガ（谷中生姜）の茎に見えるところは、じつは偽茎です（図26）。

「鞘葉」といって葉身が発達せずに、葉鞘だけからなる葉もあります。鞘葉は畳の材料になるイグサ（イグサ科）やカヤツリグサ科の仲間で見ることができます（図27）。

イネ科では葉身と葉鞘の間に膜質の付属物があり、これを「葉舌（小舌）」と呼びます（図28）。葉舌の大きさや形、色などはイネ科のなかで種類を区別する際のポイントになります。例えば、イネは高さ

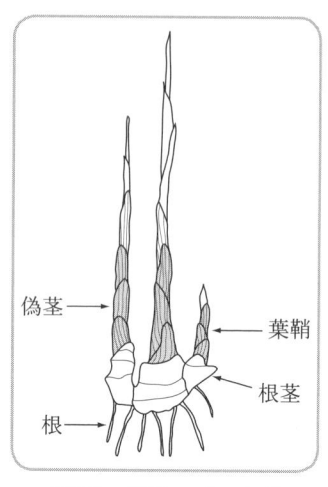

図26. 偽茎―ショウガ

図27. 鞘葉―シログワイ（カヤツリグサ科）

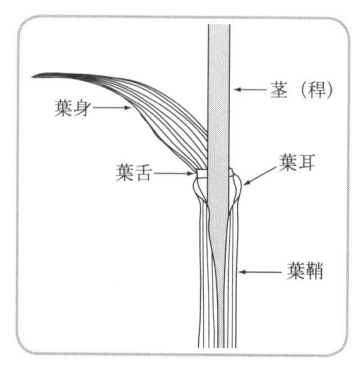

図28. イネ科の葉の基部

1cmぐらいの大きな葉舌を持っています。

　また、葉柄がなく、葉身の基部が広がって茎を包み込むようになっているものを、葉が「茎を抱く」と呼び、道端にふつうにあるノゲシ（キク科）で見ることができます（図29）。

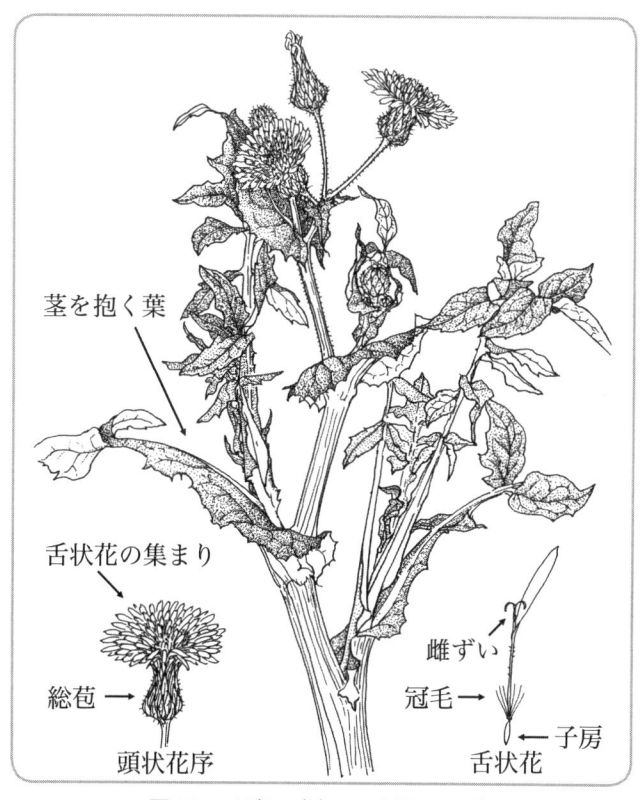

図29. ノゲシ（絵：西本眞理子氏）

3　さまざまな葉身の形と脈

　葉身にはさまざまな形のものがありますが、大きく2つのタイプに分けることができます。1つは、葉身が分かれずに、1枚になって

いる葉で、これを「単葉（たんよう）」と呼びます。もう1つは、葉身が複数の小さな部分に分かれている「複葉（ふくよう）」です。複葉の個々の小さな部分は「小葉（しょうよう）」といいます。さらに、複葉にはいくつかの型があります。単葉か複葉か、どの型の複葉を持つかは、植物の種類によってほとんど決まっています。

また、葉身には「葉脈（ようみゃく）」と呼ばれるすじがあります。葉脈は水や養分の通り道になっている部分で、いくつかのパターンがあり、それぞれの植物を特徴づけています。

葉身や葉脈は、植物の種類を見分けるときのポイントにもなります。

● 単葉

単葉には、ヒマラヤザクラの葉のように典型的に1枚の平たいものもありますが、ヤツデのように深い切れ込みのある葉を持つものもあります（図23：45ページを参照）。単葉のなかで、切れ込みを持つものは特に「分裂葉（ぶんれつよう）」と呼ばれています。

● 複葉

複葉は、マメ科やバラ科、あるいはシダ植物でよく見られます。三つ葉のクローバー（マメ科シロツメクサ）やカタバミ（カタバミ科）のように、3枚の小葉からなる複葉を「三出複葉（さんしゅつふくよう）」と呼んでいます（図30）。この三出複葉の小葉がさらに3枚の小葉になっているものを「二回三出複葉（にかいさんしゅつふくよう）」といいます。

複数の小葉が1ヵ所について、人の手のひらのように見えるものを「掌状複葉（しょうじょうふくよう）」と呼びます。掌状複葉は、身近なものではアケビ（アケビ科）やトチノキ（トチノキ科）などで見ることができます。

また、掌状複葉の最下部の小葉の柄からさらに小葉が出ている複葉

を「鳥足状複葉」といって、鳥の足に見立てて名前がつけられました。ヤブガラシの葉で鳥足状複葉を観察できます。

　フジのような葉は「羽状複葉」といい、中央の軸の両側に多数の小葉がついていて、複葉の全体を見ると鳥の羽のように見えます。さらに、フジの葉は、中央の軸の先端にも小葉があり、奇数の小葉を持つので「奇数羽状複葉」と呼ばれています。道端でふつうに見られるカラスノエンドウの葉は、先端の小葉が巻きひげになっているので、特に「巻きひげ羽状複葉」といいます。

　これに対して、軸の先端に小葉がなく、サイカチ（マメ科）のように偶数のものを「偶数羽状複葉」と呼びます。

　羽状複葉の小葉がさらに小型の羽状複葉に置き換わったものを「二回羽状複葉」、二回羽状複葉の小葉

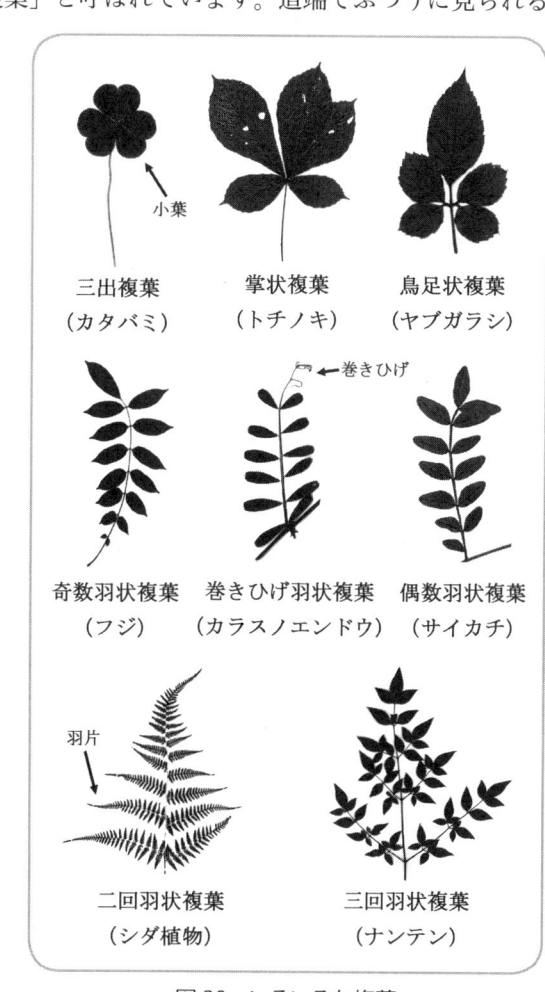

図30．いろいろな複葉

がさらに小型の羽状複葉に置き換わったものを「三回羽状複葉」といいます。ナンテン（メギ科）は三回羽状複葉を持ちます。

　二回、三回にも偶数、奇数のものがあり、身近なものでは山菜として食用にされるタラノキ（ウコギ科）の葉が「二回奇数羽状複葉」、観賞用などにされるネムノキ（マメ科）の葉が「二回偶数羽状複葉」です。

　また、シダ植物では、羽状複生するのがふつうで、小葉を「羽片（うへん）」と呼んでいます。

● **葉脈**

　双子葉植物の葉身のほとんどは、中央に太い脈（主脈または中肋（ちゅうろく））があり、そこから細い脈（側脈）が枝分かれし、側脈がさらに細い脈に網目状に枝分かれしています。これを「網状脈系（もうじょうみゃくけい）」といいます。網状脈は一般的に双子葉植物の特徴とされます。

　網状脈はさらに、側脈が羽状に並んでいる「羽状脈（うじょうみゃく）」と、1ヵ所から多数の葉脈が手のひら状に広がっている「掌状脈（しょうじょうみゃく）」に分けられます。羽状脈は、サクラやクリなどの双子葉植物でよく見られます（図22：44ページを参照）。掌状脈はイロハモミジ（ムクロジ科）の葉身で観察できます（図31）。

　一方、ササやススキなどの単子葉植物の葉脈は、枝分かれせずに、多数の脈が平行に並んでいます。これを「平行脈系（へいこうみゃくけい）」と呼んでいます（図31）。平行脈は一般的に単子葉植物の特徴です。

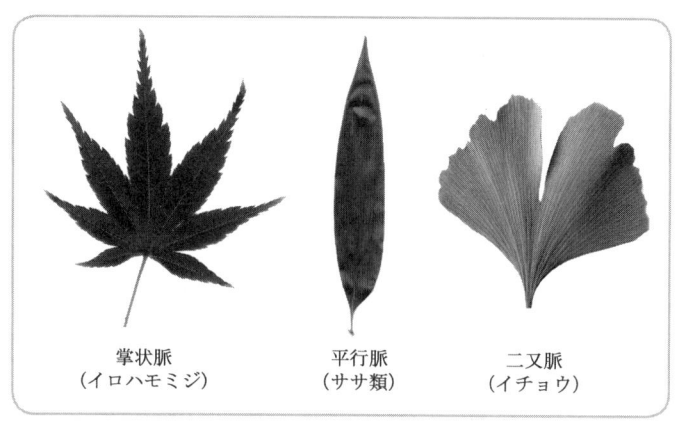

掌状脈　　　　平行脈　　　　二又脈
(イロハモミジ)　(ササ類)　　(イチョウ)

図 31. 葉脈

　また、「二又脈系」といって、葉脈が二又に分かれ、網目をつくらないものもあります。身近なものでは、イチョウ（イチョウ科）の葉が二又脈系です（図 31）。二又脈系は、他の脈系より原始的な脈系と考えられています。イチョウのほかには、シダ植物で目にすることができます。

4　葉のつき方

　茎につく葉の並び方には、一定の規則性があります。この並び方を「葉序」といい、植物の種類によって決まっていて、それぞれ効率よく光を受け取れるような配置をしています。

● 互生

　庭木としてよく植えられているヤマブキ（バラ科）のように、茎の1つの節に1枚ずつ葉がつくことを「互生」と呼んでいます（図 32）。

互生
(ヤマブキ)

対生
(マユミ)

輪生
(キョウチクトウ)

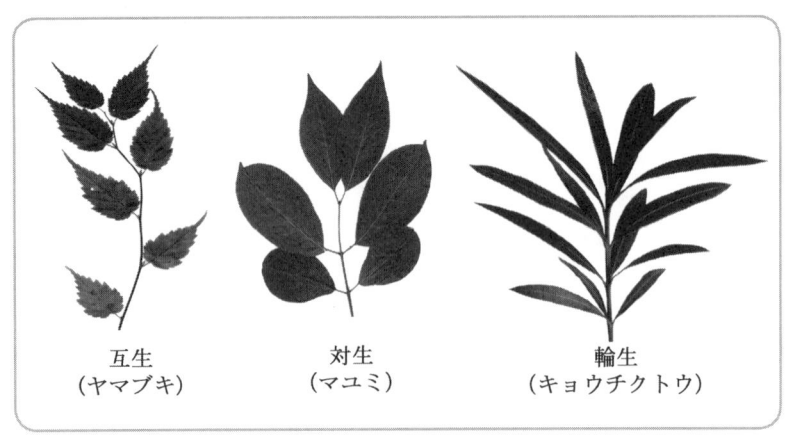

図 32. 葉の並び方

　互生する場合は、茎のまわりにらせん状に葉がつく場合と、同じ平面上に互い違いにつく場合（二列互生）があります。らせん状につく互生は、サクラで見ることができ、二列互生はネギやアヤメなどの単子葉植物で観察できるので、実際に見るとよくわかると思います。

● 対生

　公園樹としてよく利用されているマユミ（ニシキギ科）のように、茎の1つ

図 33. 十字対生－マルバユーカリ類

の節に 2 枚ずつ葉が向かい合って対になってつくことを「対生（たいせい）」といいます（図 32）。

　対生する多くの場合、隣り合う節の葉は互いに重ならないようにつくために、茎の先端から見ると 4 枚の葉で十文字のように見えます。これを「十字対生（じゅうじたいせい）」と呼び、シソ科やアカネ科などで見ることができます。園芸用として利用されるマルバユーカリ（フトモモ科ユーカリノキ属）の仲間でも観察できます（図 33）。

● 輪生

　キョウチクトウ（キョウチクトウ科）のように、茎の 1 つの節に 3 枚以上の葉がつくことを「輪生（りんせい）」と呼んでいます（図 32）。特に、1 つの節につく葉の枚数が 3 枚の場合は「三輪生」、4 枚のものは「四輪生」、5 枚だと「五輪生」といいますが、多くの場合、葉の枚数は一定ではありません。

5　葉の変形

　葉は、ふつう平たい形をして、光合成をしていますが、植物によっては、葉の形を大きく変えて特殊な役割をするように進化したものもあります。

　また、葉の形には、同じ種類の植物で決まった形をしているものもあれば、生育環境や成長段階によって、同じ種類の植物でも異なる形の葉をつける場合もあります。

● トゲ状の葉

　サボテンのトゲは葉が変形したもので（扁茎：38 ページを参照）、

植物体を外敵から守る役割をしています。これを「葉針(ようしん)」と呼んでいます。葉の全体が変形したもの以外に、小葉や托葉がトゲに変形したものも葉針です。

● 巻きひげになっている葉

「葉巻(はま)きひげ」は、他の物に巻きついて植物体を安定させる役割をするために、葉が巻きひげに変形したものです。

葉全体の形が変わったものもあれば、カラスノエンドウのように葉の一部が変形したものもあります（図30：51ページを参照）。また、バイモなどは、葉の先端が巻きひげ状になっています（図34）。

● 虫を捕まえる葉

モウセンゴケ（モウセンゴケ科）のような食虫植物では、葉が変形して昆虫を捕らえるための罠を作っていることがあります。これを

図34. バイモ（絵：西本眞理子氏）

「捕虫葉」と呼んでいます。

モウセンゴケの仲間は、葉の縁や表面に「腺毛」という粘液を出す器官があり、腺毛で昆虫を捕らえます（図35）。

ウツボカズラ（ウツボカズラ科）やサラセニア（サラセニア科植物）は、ふくろ状に変形した「捕虫嚢」と呼ばれる捕虫葉を持っています（図36）。ウツボカズラは葉の先が葉巻きひげとなり、その巻きひげの先が捕虫嚢となります。サラセニアは葉身が小型化して、代わりに葉柄（偽葉）が伸びて変形して捕虫嚢になっています。捕虫嚢の中では、酸などを分泌して、捕らえた昆虫を分解・吸収し、窒素源として利用しています。

図35. 捕虫葉―イシモチソウ（モウセンゴケ科）

図36. 捕虫嚢 ― ウツボカズラの一種

● 光合成をおこなわない小型の葉

植物には、光合成をおこなわない葉を持つものがあります。それは、普通葉よりもいちじるしく小型になった「鱗片葉」と呼ばれる葉です。光合成をしないで何をしているのかというと、若い芽や花を保護した

り、養分を貯えたりしています。

例えば、冬芽をつくって冬を越すサクラでは、冬芽のまわりにうろこ状に重なった小さな葉を見ることができます。これが鱗片葉（芽鱗）で、若い芽を保護しています。

前述のタマネギの鱗茎葉も鱗片葉の1つで、養分を貯える働きをしています。

また、萼など花のまわりにつく葉は、形が変化することが多く、花葉（花のつくり：66ページを参照）や苞葉（次ページを参照）と呼ばれるものがあります。これも鱗片葉の1つです。

● 同じ木でも形の異なる葉

クワ（クワ科クワ属植物）は、1つの木で深い切れ込みを持つ葉と、切れ込みのない葉の、2つの形が異なる葉をつけることがあります。これを「異形葉」といいます（図37）。クワの深い切れ込みを持つ葉は、枝を切った後に新しく伸びてきた枝につくことが多いです。

芽生えのときの子葉とその後に出る普通葉など、しばしば植物では、

図37. 異形葉 ― ヤマグワ

成長段階や発生過程で、はじめのほうに出る葉と後から出る葉の形が異なることがあります。

● 日向の葉と日陰の葉

　日当たりの良いところに生育している植物の葉、あるいは太陽の光がよく当たるところについている葉は、面積が小さく、厚みがあり、乾燥に強い傾向があります。この葉を「陽葉(ようよう)」といいます。

　一方、アオキやヤツデなど日陰に生育している植物の葉や、光の弱いところにつく葉は、葉の面積が大きく、厚みがなく、乾燥に弱い傾向があります。この葉を「陰葉(いんよう)」と呼んでいます。

　陽葉は、光がよく当たるので、光合成や呼吸をおこないやすくなり、乾燥にも強いつくりになっています。それに対し、陰葉は、葉の厚みを薄くし、代わりに面積を大きくしたために、光が弱いところでも、光を得やすくしていると考えられます。

　シラカシ（ブナ科）のように、同じ植物でも、光がよく当たるところについている葉は陽葉になりやすく、光の当たらないところにつく葉は陰葉になりやすく、環境によって異なる葉をつけることがあります。

6　花を包んでいる葉

　花または花の集合体（花序：117ページを参照）を抱き、普通葉と形や色が異なる葉のことを「苞葉(ほうよう)(苞(ほう))」と呼びます。花を保護する役割のあるものもあれば、花よりも大きくて花弁のように昆虫を引きよせる役割をするものもあります。一方で、アブラナのように全く持っていない植物もあります。

苞葉は、形やつく位置によって、いくつかに分けることができます。

● 花びらのような葉

ドクダミやハナミズキ（ミズキ科）、ポインセチア（トウダイグサ科）の白、ピンク、赤色の花びらのように目立って見えるものは、花序の基部にある苞葉です。これを「総苞片」と呼び、総苞片をまとめて「総苞」といいます（**図38**）。

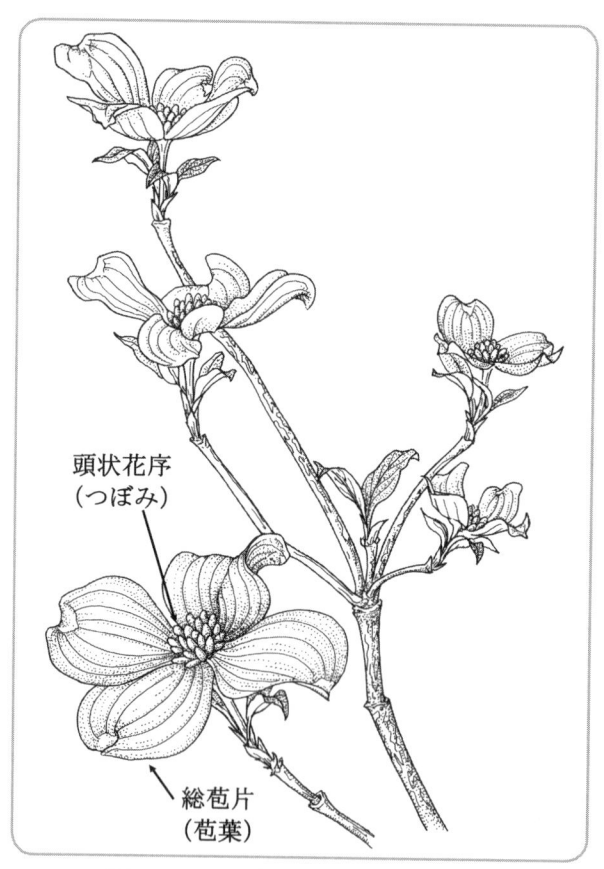

頭状花序
（つぼみ）

総苞片
（苞葉）

図38．ハナミズキ（絵：西本眞理子氏）

第4章●葉

尾瀬ヶ原のような湿地で見られるミズバショウ(サトイモ科)には、「仏炎苞」という、花序をおおう大型の総苞片があります(図39)。

図39. 仏炎苞－アメリカミズバショウ（サトイモ科）

白やピンク、赤色の目立つ総苞片や仏炎苞は、花弁の役割をしていると考えられます。

ちなみに街路樹としてよく植えられているハナミズキは、アメリカヤマボウシといい、大正時代にアメリカにサクラを贈ったお礼として、アメリカから贈られた木で、その後、全国に広がったとされています。

そのほかにも、アザミ（キク科アザミ属植物）

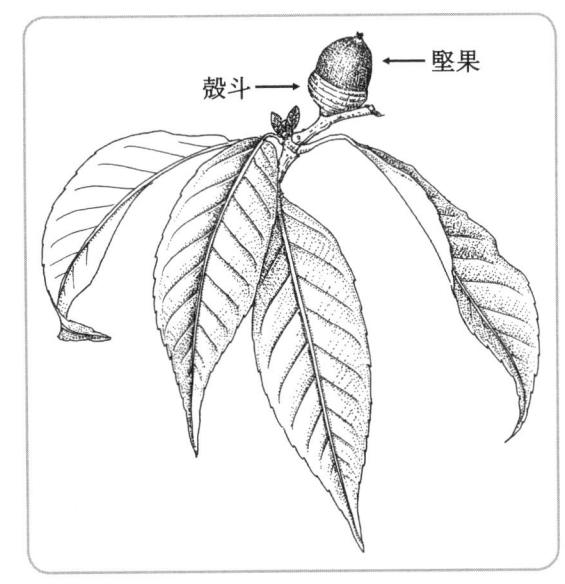

図40. シラカシ（絵：西本眞理子氏）

61

やノゲシなどの花序の基部に多数ある鱗片状のものも総苞片です（図29：49ページを参照）。

また、コナラやシラカシなどブナ科植物の果実、いわゆる「どんぐり」の帽子の部分は、総苞が発達したもので、「殻斗」と呼ばれています（図40）。意外に思うかもしれませんが、クリ（ブナ科）のいがも総苞が発達したものです。これらは、花や果実を保護する役割をしていると考えられます。

● 小さな苞葉

花の基部をよく観察すると、1つ1つの花の基部に、小さな苞葉の「小苞」が見られる場合があります（図68：91ページを参照）。

アサガオやシャクナゲ（ツツジ科ツツジ属シャクナゲ亜属植物）などの双子葉植物では、1つの花の基部に2枚の小苞が対になってつき、アヤメなどの単子葉植物には、1枚の小苞がつくことが多いです。

● 温室のような役割をする苞葉

ヒマラヤ地域の標高4000mほどの高山帯には、その名もセイタカダイオウ（タデ科）という、大きいものは人の背丈ほどもある植物があります。三角コーンのような形をしており、花は、キャベツのような黄白色で半透明の苞葉に包まれています（図41）。

ヒマラヤの高山帯は夏でも気温が低く、過酷な環境にもかかわらず、セイタカダイオウは大型化して、苞葉の中には小さな花がびっしりと咲いています。これは、半透明の苞葉があることによって、中が温室のように暖かくなっているからです（温室植物）。半透明の苞葉が中の花を低温から守っています。

第 4 章●葉

苞葉 →

図 41. セイタカダイオウ（撮影：大森雄治氏、
　　　ネパール東部、標高約 4200 m にて）

　また、高山帯は、生物にさまざまな傷害を引き起こす紫外線の量が多いところです。セイタカダイオウの苞葉は、紫外線を吸収して、中の花を保護する役割も持っていることが知られています。
　セイタカダイオウは自分で温室を作り、ヒマラヤ高山帯の過酷な環境に適応したと考えられています。
　ところで、セイタカダイオウを現地の人は漢方薬や食用にすることもあるようです。現地へ調査に行くと、「苞葉を味噌スープにして食べると、ちょっと酸っぱいけど美味しいよ」なんて言われることもあります。

豆ちしき① ● アカマツとクロマツの葉

　私たちが、ふだん目にしているマツ科の植物には、よく似ている2種類があります。海岸際でよく見かける黒っぽい木肌をしているクロマツと、内陸で見かける赤っぽい木肌をしているアカマツ（マツタケが生えるマツ！）です。

　この2種類のマツは、葉で見分けることができます。クロマツの葉は硬く鋭いために、手で触れると、すぐに手を引っ込めるぐらいの痛みを感じます。一方、アカマツの葉はクロマツの葉よりは軟らかく、手で触れてもクロマツほど痛みを感じません。

　さらに、葉の横断面を顕微鏡で見ても、この2種類を見分けることができます。マツには樹脂があります。いわゆるマツヤニです。葉にはこの樹脂の通路があり、この通路を「樹脂道」と呼んでいます**（右図）**。葉の横断面を見ると、クロマツの樹脂道は葉の中に点在して3〜11個あります。それに対して、アカマツの樹脂道は葉の表皮に接在して3〜9個あります。クロマツとアカマツでは、この樹脂道の配置と数が異なります。

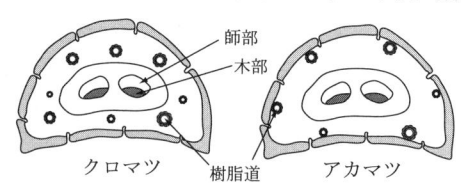

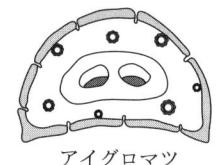

樹脂道－マツの葉の横断面模式図

　よく見かけるマツには、さらに、アイグロマツというのもあります。アイグロマツの葉はやや硬く、アカマツやクロマツと見分けるのが難しいことがあります。このアイグロマツの葉の樹脂道を見ると、クロマツのように点在するものと、アカマツのように表皮に接在しているものが混在しています。じつは、アイグロマツは、クロマツとアカマツとが交配してできた雑種なのです。

第5章

花

第5章 ● 花

　春にはサクラの花、夏にはヒマワリ（キク科）の花、秋にはヒガンバナ（ヒガンバナ科）の花、冬にはサザンカ（ツバキ科）の花など、花は色鮮やかで美しく香りもあることから、植物のからだのなかで目立ち、私たちに最も親しみのある部分です。

　植物学的に見ると花は、種子と果実をつくるもとになる器官です。一般的に花をつける植物は裸子植物と被子植物で、特に、被子植物の花はよく目立ち、花の形はさまざまで、とても多様です。しかし、どのような形のものを花と定義するかは、とても難しい問題です。

1　花のつくり

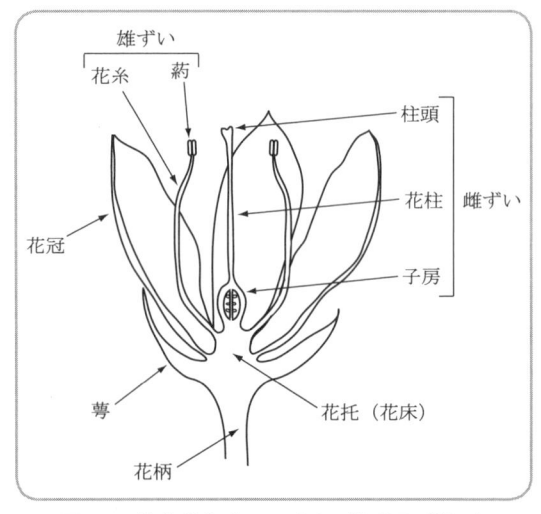

　最もイメージしやすい花のつくりは、外側から緑色の「萼（がく）」、きれいな色の「花冠（かかん）」があり、その内側に「雄しべ（雄ずい（ゆう））」と「雌しべ（雌ずい（し））」を持つ花でしょうか。花の形やつくりは多様で

図42. 基本的な花のつくりの模式図（断面）

すので、すべてが同じわけではありませんが、基本的にはこの4つが被子植物の花の構成要素です（図42）。

これらは、もともとすべて葉が変形してできたものと考えられているので、「花葉」といいます。花はこの花葉と、花葉を出す茎の先端部（花托）からできています。萼は複数の「萼片」、花冠は複数の「花弁」からそれぞれなっていて、1片1片離れているもの（離萼および離弁）と、根元でくっついて筒のようになっているもの（合萼および合弁）があります。

● 花葉が生じる茎

ハスは、多数の美しい花弁があり、香りも良いことから観賞用としてよく栽培されています。花の中心に目を向けてみると、ふくらんでいる部分があることがわかります（図43）。これは花葉が生じる茎の先端部が肥大して、雌しべを包み込んでいるのです。茎の先端部の花葉をつける部分は「花托（あるいは花床）」と呼ばれ、花の軸になっている部分です（図42）。

図43. ハスの花（撮影：石綱史子氏）

ほとんどの花托は短いですが、大きな花をつけるモクレン科のコブシやタイサンボクのように、花托が伸びて棒状に長いものもあります。厳密にいうと、モクレン科の仲間に見られる軸状の花托は「花軸」と呼び、キク科のように多数の花をつける平たく広がったものは花床と呼び分けています。

また、バラ（バラ科バラ属植物）では花托が筒状になって子房を包み込んでいたり（図135：164ページを参照）、イチゴのように半球状にふくらんだり（図134：163ページを参照）、ボタン（ボタン科）やヤブガラシのように発達して円盤状になったりするものもあります（図44）。

図44. 円盤状の花托 ― ヤブガラシ

豆ちしき② ● ハスの花

　夏になると東京・上野の不忍池には一面にハスが咲きます。ハスは観賞用として人気がありますが、葉は薬になり、肥大した地下茎はレンコンとして食用にもなります（図11：31ページを参照）。ハスの葉や実（堅果）を用いた料理も知られています。私は以前に甘露煮のように調理されたハスの実を食べたことがありますが、甘栗のような感じで、とても美味しかったです。また、ハスの花の香りは甘くて爽やかなことから、香りを楽しむハス茶などもあります。ちなみにこの香りは雄ずいからします。

　古くからハスはさまざまなものに使われてきましたが、最近ではハスの葉が水をはじくことに注目して開発されたナノテクノロジーもあります。ハスの葉の表面に水がつくと、水が丸い水滴となって表面の汚れとともに転がり落ち、葉の表面がきれいになります（ロータス効果）。この特性を再現して、衣服の生地や建材の塗料などに応用されています。

私たちの生活に馴染み深いハスは、今ではどこでも見ることができる植物となっていますが、本来、ハスはインド原産とされる植物で、野性のハスは世界に2種類しかありません。それは、アジアのいわゆるハスと、北米にあるキバナハスです。私たちのまわりで見られるハスのほとんどは、観賞用に園芸品種化されたものです。

　ところが、千葉県の天然記念物に古代ハス（大賀ハス）というものがあります（図125：157ページを参照）。これは今から約2000年前の遺跡から見つかったハスの種子を、植物学者の大賀一郎博士らが発芽させて、開花に成功したものです。大賀博士の名に因んで大賀ハスと名前がつけられました。最近は、この古代ハスの花の香水や香りのするあぶら取り紙なんていうのもつくられています。

● 萼

　ひとくちに萼といっても、その種類は多様です。どちらかというと地味なイメージの萼を、この機会に観察してみましょう。

　萼はふつう、花葉のなかで一番外側に位置していて、他の花葉とは質が異なり、葉状で緑色のものが多いです。

　サクラ（図45）やマメの仲間では、萼片がくっつき、筒のような形をしています（萼筒）。

　多くの植物では花が咲いても萼が残っています（宿存萼）。例えば、花壇でよく見かけるサルビア（シソ科ヒゴロモソウ）では、赤色の目立つ萼が、花が咲いてもしばらく残っています（図84：108ページを

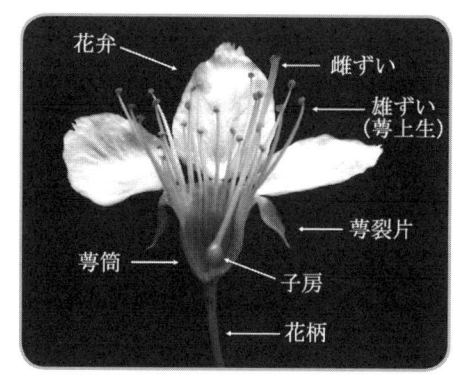

図45. 萼筒—ヒマラヤザクラ

参照)。イチゴやトマト(ナス科)など、果実が成熟しても残っているものもあります。いわゆる果実の「ヘタ」と呼ばれているものです。一方、ケシ科のポピー(ヒナゲシ)のように、花が咲いたときには、すでに萼が落ちているものもあります(早落性の萼)。

萼はつぼみのときに他の花葉を包み、ふつう他の花葉を保護する役割をしていますが、植物によっては、萼が変形して、特別な役割をするものもあります。

梅雨の時期になると、赤や青色のアジサイ(アジサイ科ガクアジサイの園芸品種)の花が、私たちの目を楽しませてくれます。アジサイの花の外側にある色鮮やかで目立つ4枚の花びらに見えるものは、じつは萼です。アジサイの萼は、目立つ色や形をして昆虫を引きつける役割をしています(装飾花)。ちなみに、ガクアジサイの萼片も枯れても落ちません。

トリカブト(キンポウゲ科トリカブト属植物)やウマノスズクサ(ウマノスズクサ科)は、花弁がなかったり、花弁が蜜腺などに変化したりしています。代わりに萼が花弁のように目立つ形や色になって、これも昆虫を引きつける役割をしています。ちなみに、トリカブトの萼は兜のような形をしており(**図46**)、ウマ

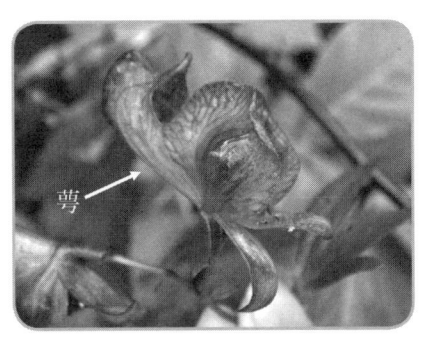

図46. 兜形の萼 — トリカブト属

図47. ラッパ形の萼 — ウマノスズクサ

ノスズクサの萼は紫がかった緑色のラッパのような形をしています（図 47）。

ホオズキは花が咲き終わった後に、萼が大きな袋になって果実を包んで保護しています。タンポポの綿毛（図 123：155 ページを参照）は、萼が毛状に変形したものです（冠毛）。よく道端で見かけるオシロイバナ（オシロイバナ科）の漏斗状の花冠もじつは萼で、花冠の根元にある緑色の萼のようなものは総苞です。

また、イチゴのヘタをよく見ると、10 枚の萼片があるように見えますが、これは 5 枚の萼片の外側に、萼に似たものがさらに 5 枚あるのです。この萼片の外側の萼に似たものを「副萼」といい、萼と同様に開花前の花葉を保護する役割をしています（図 48）。

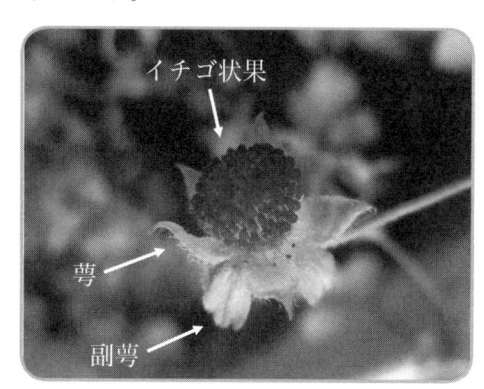

図 48．副萼 ― ヘビイチゴ

サクラのように萼と花冠を区別できるもの（異花被花）が、多くの植物でよく見られます。しかし、身近な植物の萼を観察してみて、見分けがつかないものはありませんでしたか。ユリ科やアヤメ科のように、花弁と萼片がほぼ同じ色や形をしていて、萼と花冠が区別できない植物もあります（同花被花）。この場合はまとめて「花被」といい、1 枚 1 枚を「花被片」と呼びます。

花被でも、アヤメやカキツバタ（アヤメ科）、ホトトギス（ユリ科）のように、同じ色や形をした外側の大きな 3 枚の花被片と、その内側の小さな 3 枚の花被片があり、両者を区別できるものは、外側に

並ぶものを外花被片、内側に位置するものを内花被片といって分けています（**図49**）。

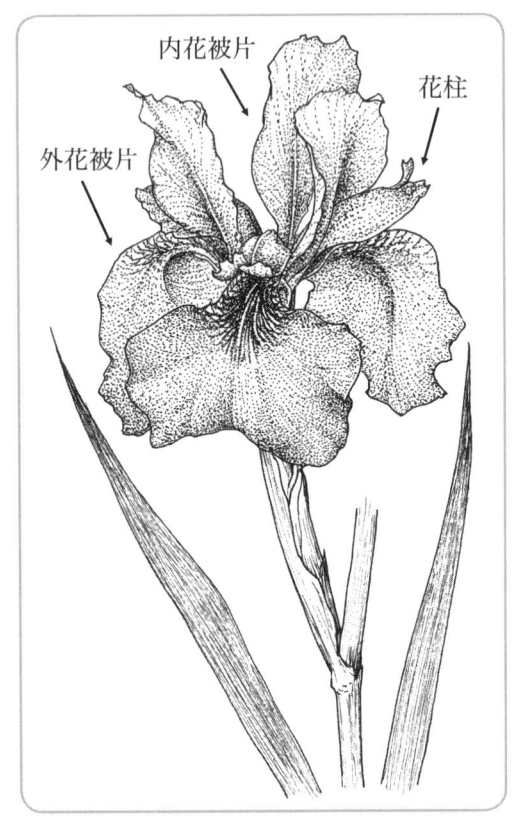

図49. アヤメ（絵：西本眞理子氏）

　また、植物のなかには、ウマノスズクサやアケビのように萼だけがある花（単花被花^{たんかひか}）や、ヒトリシズカ（センリョウ科）やセンリョウ（センリョウ科）、ヤナギ（ヤナギ科ヤナギ属植物）のように花被のない花（無花被花^{むかひか}）もあります（**図50**）。ボタンやツバキ、モクレン（モクレン科）は、萼から花冠への形の変化が連続的になることもあります。

第 5 章 ● 花

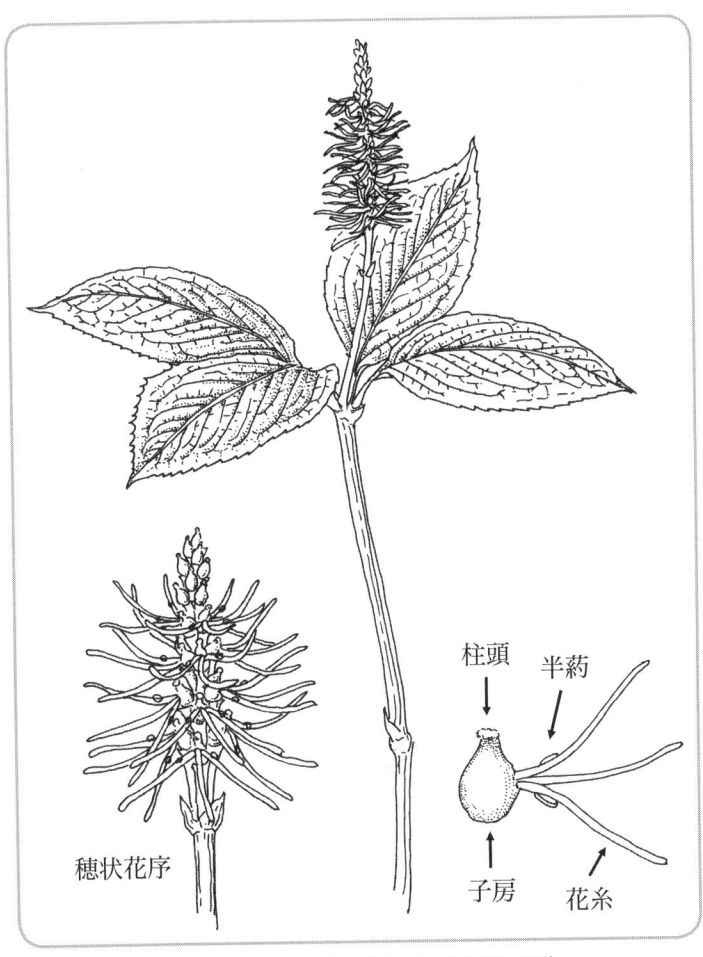

図 50. ヒトリシズカ（絵：西本眞理子氏）

豆ちしき ③ ・梅雨の花、アジサイ

　一般的に庭などに植えられているアジサイは、日本特産のガクアジサイの園芸品種で、品種改良がされて、装飾花だけしか持たないものもあります。

　日本特産のアジサイが西洋に広まったのは、江戸時代の「シーボルト事件」で有名なドイツのシーボルト（Philipp Franz [Balthasar] von Siebold）が、著書の『フロラ・ヤポニカ（日本植物誌）』で日本の植物を紹介したからとされています。禁制の地図を国外に持ち出そうとして永久国外追放処分を受けたシーボルトは、医学者として知られていますが、植物学者でもあり、アジサイのほかにもテッポウユリやツバキ、サザンカなど多くの日本の植物をヨーロッパに広めました。

　シーボルトは、日本のアジサイに「*Hydrangea otaksa*（ヒドランゲア・オタクサ）」という学名をつけました**（下図）**。シーボルトは名前の由来について触れませんでしたが、一説では、オタクサとはシーボルトの妻の愛称「おタキさん」に因むと考えられています。

　ところで、アジサイの花には、赤や青の色がありますが、これは、生えている場所の土に関係しているとされています。土が酸性だと青色が強くなり、アルカリ性だと赤色が強くなるといわれています。シーボルトも『フロラ・ヤポニカ』の中の覚え書きで、アジサイの花が日本では鮮やかな青色をしているのは、火山列島の粘土質土壌に含まれる鉄分から生じる色合いであるからと述べています。

シーボルトによって名前がつけられたアジサイのおしば標本
（東京大学総合研究博物館所蔵）

● 花冠

　私たちが花をイメージするとき、ふつうは目立つ花冠の部分を思い浮かべると思います。花冠は、萼の内側の花葉で、複数の花弁（いわゆる花びら）から構成されています。花冠は、内側の雄しべや雌しべを保護するとともに、多くは目立つことによって、花粉を運んでくれる生物を引きつける役割をしています。花冠の形はとても多様で、効率的に花粉が運ばれるようにさまざまな形をしています（91ページを参照）。

　サクラのように花弁が互いに離れている花を離弁花といい、ツツジ（ツツジ科ツツジ属植物）のように花弁が互いに合着している花を合弁花といいます。双子葉植物を、離弁花を持つ「離弁花類」と、合弁花を持つ「合弁花類」の2つに大きく分ける分類体系もあります（エングラーの体系）。これは20世紀初頭に、ドイツの植物学者エングラー（Adolf Engler）が提唱した分類体系で、よく見る図鑑類や植物標本が保管されている植物標本庫（ハーバリウム）などでは、エングラーの体系に従って配置しています。

　エングラーの体系では、合弁花類のほうがより進化したグループとされています。さらに、離弁花類のすべてが離弁花を持つのではなく、ヤナギ科やブナ科植物などのように、花被が発達せずに、花粉が風によって運ばれるものがより祖先的なグループと考えられています。

　また、花冠や雄しべの一部が変形してできた花冠のような付属物（副花冠）を持つ植物もあります。例えば、園芸用として人気な黄色やラッパ形の花を持つスイセン（ヒガンバナ科）は、花被と雄しべの間に筒状の花冠のような副花冠を持ちます（**図51**）。パッションフルーツ（トケイソウ科クダモノトケイソウ）の花には放射状に並ぶ糸

状のもの（図52）、しばしば文学作品に名前が出てくるワスレナグサ（ムラサキ科）の花の真ん中にある突起物も、それぞれ副花冠です（図53）。

図51. ニホンスイセン（絵：西本眞理子氏）

第5章●花

図 52. トケイソウ属の花（撮影：石綱史子氏）

図 53. ワスレナグサの花

● 雄しべ（雄ずい）

　雄しべ（雄ずい）は、花粉をつくる「葯」と、それを支えている柄の部分の「花糸」からなります（**図42：66 ページを参照**）。雄ずいは、葉から由来した器官とはとても思えませんが、原始的なグループとさ

図 54. スイレン属

77

れているモクレン科やスイレン（スイレン科スイレン属植物）などに葉状の花糸が見られることから、雄ずいは葯をつけた特殊な葉に由来しているといわれています（図54）。

1つの花の雄ずいをまとめて「雄ずい群」といい、ソメイヨシノでは約35本、アブラナ科では6本の雄ずいからなる雄ずい群を持っています。

葯のつき方や葯からの花粉の出方、あるいは雄ずいの形などは植物によって異なり、植物を見分ける際の手がかりになることもあります。小さくてわかりにくいかもしれませんが、じっくりとよく観察してみましょう。

葯は、葯の下部に花糸がつくもの（底着葯）、中央に花糸がついてT字になるもの（丁字着葯）、側面の全長に沿って花糸が密着しているもの（沿着葯）、葯が花糸に埋まっているもの（内着葯）と区別できます（図55）。

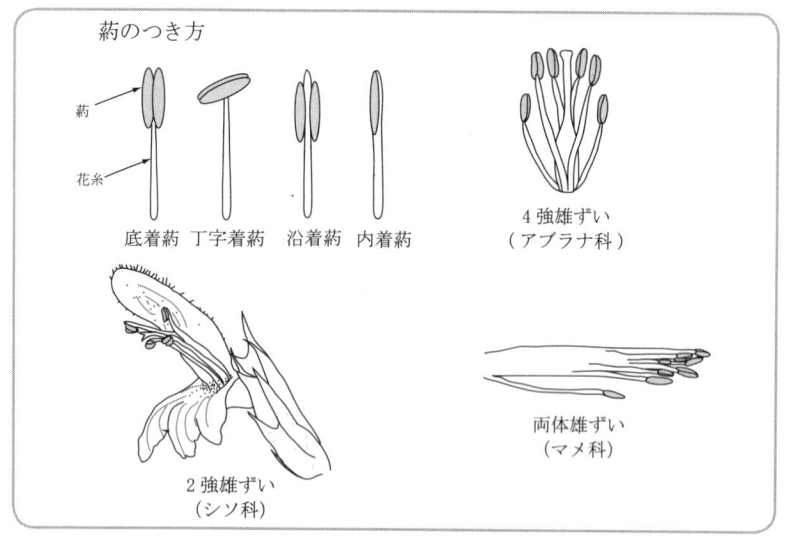

図55. いろいろな葯のつき方

沿着葯は多くの植物でよく見られ、内着葯はメギ（メギ科）などで見られます。底着葯と丁字着葯は、葯が風によって揺れて、花粉が散布されやすいので、イネ科のような風によって花粉が飛ばされる花（風媒花）を持つ植物に見られます。

ちなみに、メギは別名コトリトマラズ（小鳥止まらず）といい、枝に葉が変化したトゲが多数生えて、小鳥が止まらないことに由来するそうです。メギの仲間にはヘビノボラズという植物もあります。

1つの花の中で雄ずいの長さは、差が無いのがふつうですが、1つの花の中で長さが異なる植物（異形雄ずい）もあります。例えば、全4本ある雄ずいのうち2本が他よりも長いもの（2強雄ずい）、全6本のうち4本が他よりも長いもの（4強雄ずい）、全10本のうち5本が他よりも長いもの（5強雄ずい）があります。2強雄ずいはシソ科やゴマノハグサ科に見られ、5強雄ずいはカタバミ属（カタバミ科）に見られます。4強雄ずいはアブラナ科の植物に特徴的なもので、内側に長い4本と外側に短い2本があります。

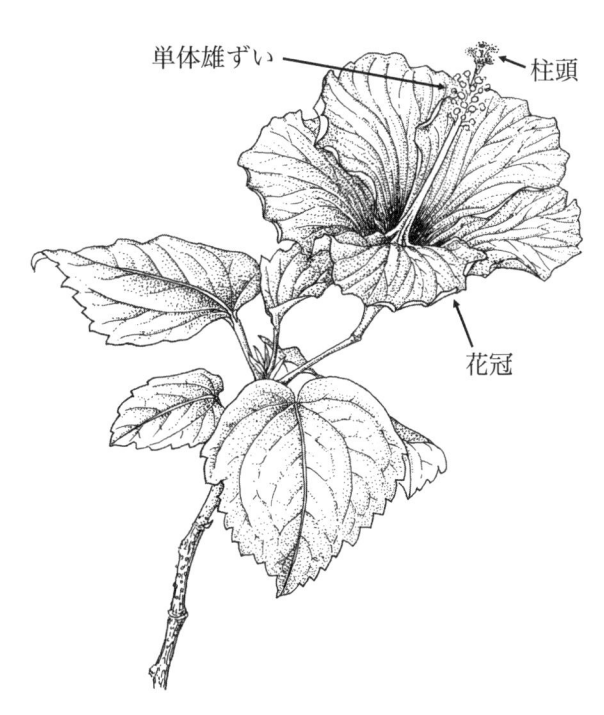

図56. ハイビスカス（絵：西本眞理子氏）

雄ずいの葯は離れているものの、花糸同士が互いに合着している植物もあります。ハイビスカス（アオイ科フヨウ属植物 ― 図56）やツバキの雄ずいは、すべての花糸が互いに合着して、雌ずいを取り囲んでいます。これを「単体雄ずい」といいます。また、スイートピーのようなマメ科の多くは、花糸が9本合着したものと、合着していない1本とで2組になっています（両体雄ずい）。道路の脇に植えられている黄金色の花を持つビヨウヤナギ（オトギリソウ科）は、多数の雄ずいを持ちますが、よく見ると花糸が合着して5つの束になっています（5体雄ずい）。その他にも、キク科のように花糸は離れていますが、葯が互いに合着しているもの（集葯雄ずい）や、ウリ科のように少なくとも2本以上の雄ずいが全体で合着しているもの（合体雄ずい）もあります。

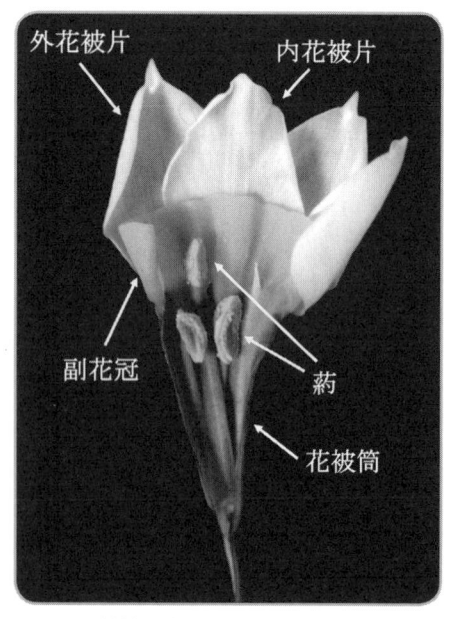

　雄ずい同士がくっつくものの他に、バラ科の多くは雄ずいと萼（萼上生）がくっつき（図45：69ページを参照）、ナス（ナス科）やキク（キク科）などの合弁花類の多くは雄ずいと花冠（花冠上生）が、クロッカス（アヤメ科クロッカス属植物）やスイセンなどは雄ずいと花被や花被筒（花被上生）が（図57）、ウマノスズクサ科やセンリョウ、ラン科では雄ずいと雌

図57．花被上生－スイセンの花（断面図）

ずい（雌ずい着生）がそれぞれくっついています（図58）。

植物のなかには、本来の役割を失い、花粉を作らなくなった雄ずいを持つものもあります。

青色の2枚の花びらがきれいなツユクサ（ツユクサ科）には、長い2本と短い4本の計6本の雄ずいがあります。このうち、長い2本と短い1本には通常の能力を持つ花粉を作る葯がありますが、上側の短い3本の雄ずいは飾りのようになった葯をつけます。短い3本は本来の働きを失った雄ずいで「仮雄しべ」といいます。

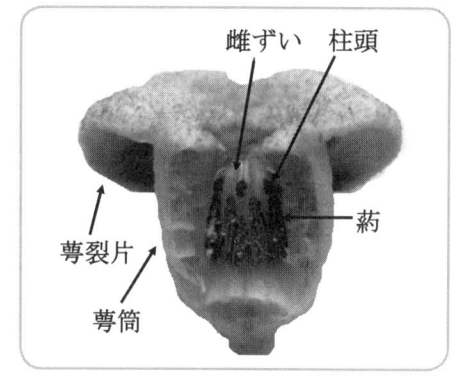

図58. 雌ずい着生－ヒメカンアオイ類の花（断面図）

ところで、なぜツユクサはこのような雄ずいを持つのでしょうか。ツユクサの花は蜜を出しませんが、昆虫が訪れます。昆虫側にとっては、ツユクサの花の魅力は、餌となる花粉だけとされています。しかし、ツユクサ側としては、花粉をすべて餌としてとられると、受粉ができなくなってしまいます。そこで、役に立ってくるのが仮雄しべです。

ツユクサの花をよく見ると、上側に短いX字のような形をした葯を持つ3

図59. 仮雄しべ－ツユクサ

本の仮雄しべがあります（図59）。この葯は鮮やかな黄色をしていて目立ちます。昆虫はこの黄色の目立つ葯を目指して来ます。しかし、この黄色で目立つX字形の葯には花粉はわずかしか無く、しかも本来の能力を失った花粉です。この花粉は昆虫に食べさせるためにつくり出されたのです。このX字形の葯を持つ仮雄しべの下に、Y字形をした葯を持つ1本の雄ずいと、さらにその下にO字形をした葯を持つ長くて前に突き出た2本の雄ずいがあります。Y字形とO字形の葯は、通常の花粉を持っています。X字形の葯を目指して来た昆虫の腹や足などに、このY字形とO字形の3本が触れて花粉が運ばれるようになっているのです。つまり、ツユクサは、うまく昆虫をだましているといえます。

　実際にどのぐらい多くの昆虫がツユクサに来るかはわかりませんが、蜜などの報酬が無いと、やはり昆虫側としては魅力が落ちるでしょう。そこで、ツユクサはさらなる戦略をとっています。それは、長く前に突き出した2本の雄ずいに秘密があります。ツユクサは昼ぐらいになると花が閉じてきますが、そのときに、前に突き出した1本の雌ずいと長い2本の雄ずいを、花の中心に向かってくるくると巻き込みます。この巻き込みのときに、雌ずいと長い2本の雄ずいの先端がぶつかって受粉するのです（同花受粉）。

● 雌しべ（雌ずい）

　雌しべ（雌ずい）は、花の中心に1本だけあるのがふつうですが、モクレン科やキンポウゲ科のように、植物によっては多数の雌ずいを持つものもあります（図60）。

　1つの花の多数の雌ずいをまとめて「雌ずい群」といいます。雌ずいは、果実となる基部のふくらんだ部分の「子房」、先端部で花粉を

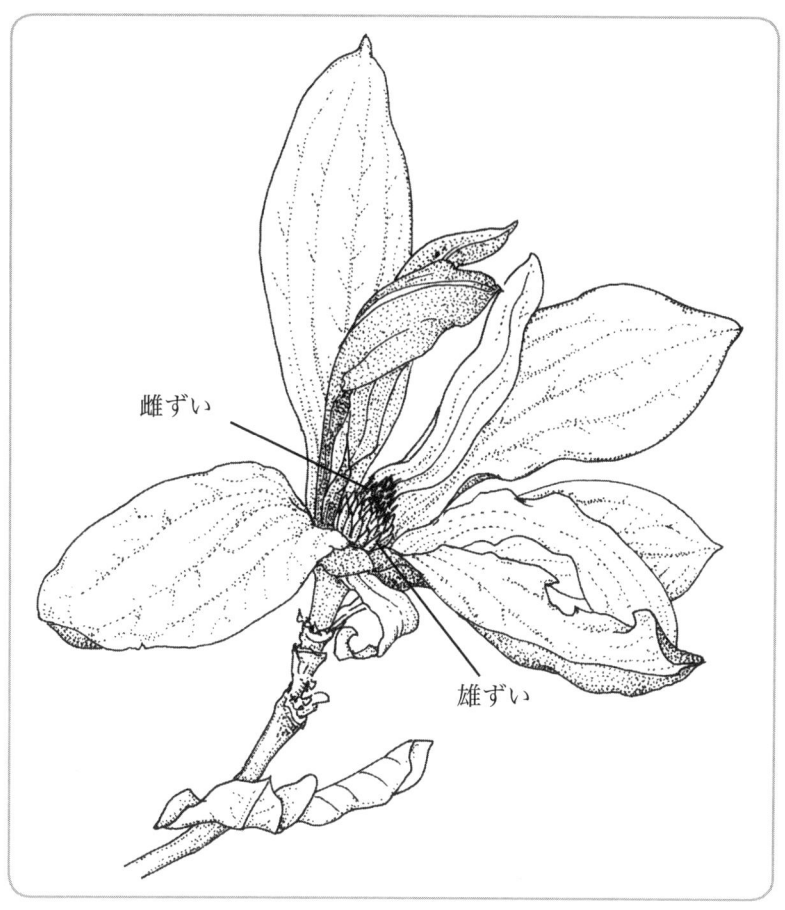

図60. シモクレン（絵：西本眞理子氏）

受け取る「柱頭」、柱頭と子房をつなぐ部分の「花柱」の3つからなります（**図42**：66ページを参照）。ちなみに、料理に香料や着色料として使われるサフランは、アヤメ科サフランの赤褐色の花柱上部を乾燥させて粉にしたものです。

　さて、雌ずいをさらに細かく見ると、子房の内側に部屋があります。部屋は1室のこともありますが、多くの場合はいくつかの部屋（室）

があり、室同士にはしきり（隔壁）があります（図61）。

この室の中には、次世代の植物体（いわゆる種子）のもとになる「胚珠」があります。胚珠は同室に1個の場合もありますが、多数入っていることもあります。また、子房の外側の壁を「子房壁」と呼んでいます。

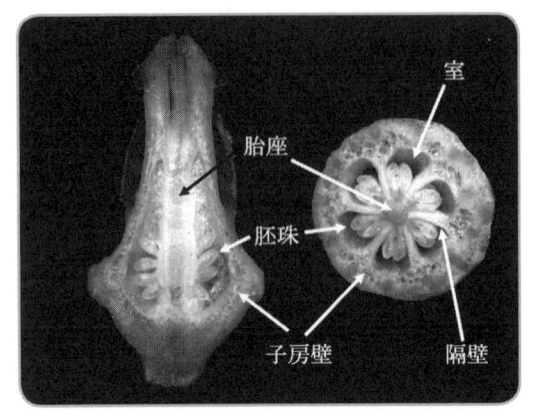

図61. 子房断面図―ヒメカンアオイ類

　雌ずいも、一見して葉から由来した器官とはとても思えませんが、1室の子房壁には1本の維管束があり、この維管束を葉の主脈と考えると、子房壁は特殊な葉からできているとされます。この子房壁をつくっている特殊な葉は「心皮」と呼ばれ、心皮は胚珠をつけた特殊な葉と考えられています。多くの植物の雌ずいは、この心皮が2枚以上くっついて（合成心皮）、袋状の構造となって1個の雌ずいをつくっています（複合雌ずい）。例えば、ヒメカンアオイ類の一種の雌ずいは6枚の心皮からできています（図61）。

　しかし、植物のなかには1枚の心皮が袋状の構造となって（離生心皮）、1個の雌ずいをつくっているものもあります（単一雌ずい）。この離生心皮、単一雌ずいは祖先的な形と考えられており、実際に被子植物の原始的グループとされているモクレン科やキンポウゲ科の多数ある雌ずいの1つ1つは、1枚の心皮からできています。また、マメ科は1枚の心皮からなる1本の雌ずいを持っています（マメ科に特有の果

実：154 ページを参照）。

　子房と他の花葉（萼、花冠、雄ずい）との位置関係や、子房内部の構造、胚珠のつき方にはいくつかのタイプがあり、植物を分類する際の重要なポイントにもなります（**図62**）。

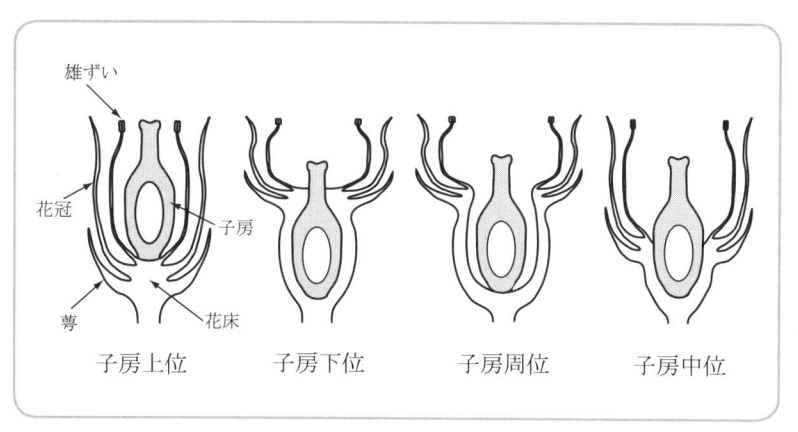

図62. 子房の位置の模式図

　例えば、モクレン科やユリ科などでは、子房が他の花葉より上に位置しています（子房上位）。子房上位は原始的な特徴と考えられています。

　それに対して、キク科やセリ科、アヤメ科、ラン科などでは、花托が子房を完全に取り囲んで合着して、子房より上に他の花葉が位置しています（子房下位）。子房下位は進化した特徴と考えられています。

　また、バラ科の多くは、ヒマラヤザクラのように子房が筒のような萼筒に収まって（**図45**：69 ページを参照）、この萼筒の縁に他の花葉がついています（子房周位）。子房周位では子房と萼筒が合着しませんが、萼筒が子房の中ほどまで合着する植物もあります（子房中位）。子房中位はユキノシタ科やアジサイ科の一部の植物で見られます。

　子房の胚珠がついているところを「胎座」といいます（**図61**）。胚

珠のつき方にはいくつかのタイプがあり（図63）、植物によってどのタイプかは決まっています。

例えば、ウマノスズクサ科やユリ科などでは、子房が複数の心皮からできていて、いくつかの室があり、その中心にある縦軸のまわりに胚珠がつきます（中軸胎座 — 図61）。

一方、ヤナギ科やスミレ科、ラン科は、子房が複数の心皮からなりますが、中心の軸や隔壁が無く子房は1室で、胚珠が心皮の縁につきます（側膜胎座）。

ナデシコ科やヒユ科、サクラソウ科は、子房が複数

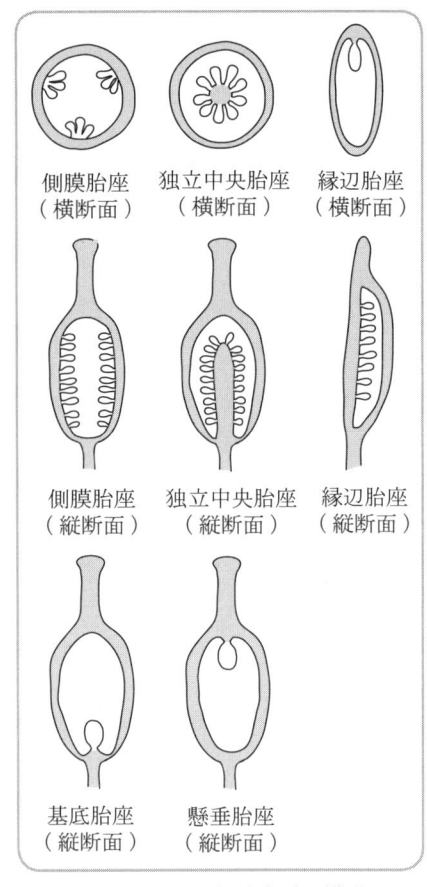

図63．いろいろな胎座型の模式図

の心皮からなり、胚珠は中心にある軸のまわりにつきますが、隔壁がなく子房は1室となり、中軸が遊離しています（独立中央胎座あるいは特立中央胎座）。これは中軸胎座から進化したものと考えられています。

また、マメ科のように、子房が1室で1枚の心皮からなり、胚珠が心皮の縁辺近くに2列に並んでいるものもあります（縁辺胎座）。マメ科のさやを割ってみると、種子が、2つに分かれたさやの縁に交互

についていることが観察できます（図122：154ページを参照）。

　植物によっては胚珠数が減り、残った少数個の胚珠が子房の基底部につくものもあります（基底胎座）。タデ科やシソ科、キク科で見ることができます。また、セリ科やサトイモ科は、少数個の胚珠が子房の頂端につきます（懸垂胎座）。その他にも、スイレン科やアケビ科などの原始的とされている植物は、子房が1室で1枚の心皮からなり、その内側の胚珠は心皮の内面全面につきます（面生胎座）。

　胚珠のつき方や心皮の数、部屋の数などは、肉眼ではなかなか観察しづらいのですが、合成心皮の雌ずいを持つ植物の花柱や柱頭は分岐している場合があり、分岐の数から心皮の数を判断できるものもあります。また、中軸胎座が見られる植物は心皮の数と室の数が一致しています。

　きれいな花冠だけでなく、雄ずいや雌ずいをちょっと詳しく観察すると、いろいろな形があって、植物によって規則性があることがわかってきますね。

2　花の対称性と花葉の数

　花の全体的な形を見ると、多くの花には対称性があることがわかります。

　例えば、ソメイヨシノやテッポウユリなどの花は、同じ形の花弁（あるいは花被）が花の中心から均等に放射状に広がっています。このような花を「放射相称

図64. 放射相称花－テリハノイバラ（バラ科）

花」といい、バラ科やナデシコ科、ヒルガオ科、ユリ科などで見られます（図64）。

一方、スイートピーやラベンダー（シソ科）の花は、ある軸に対して左右が鏡像関係になります。これを「左右相称花」といい、シソ科やマメ科、ラン科などで見られます。「大」の字形をしたユキノシタの花（図65）、あるいは親指を下にさげて、それ以外の4本をひっつけて上に反らした手のひらのようなスイカズラ（スイカズラ科）の花は、左右相称花のわかりやすい例です。

図65. 左右相称花－ユキノシタ

花冠がなく萼のみの花の場合には、萼の形で決めます。例えば、カンアオイ（ウマノスズクサ科）は放射相称花（図66）、ウマノスズクサは左右相称花です（図47：70ページを参照）。放射相称花は、より原始的な花と考えられています。

また、花葉の数は、多くの植物で決まっています。ユリ科やアヤメ科などの単子葉植物の多くは、3の倍数の花葉を持っています。

図66. 放射相称花－ヒメカンアオイ類

例えば、タイワンホトトギス（ユリ科）には、3枚の外花被片と3枚の内花被片、6本の雄ずい、3室からなる雌ずいがあります（図67）。タイワンホトトギスの柱頭は大きく3つに分かれており、その先がさらに2つに分かれています。したがってユリ科の花葉の基本数は3で、これを「3数性」といいます。

図67. 3数性の花－タイワンホトトギス

　これに対して、双子葉植物の多くの花は「5数性」または「4数性」です。例えば、サクラやアサガオは5数性で、アオキやマツヨイグサ（アカバナ科）などは4数性です。また、双子葉植物でも「2数性」や3数性の花もあります。アブラナの花は2数性で、モクレンは3数性です。

　このように花葉の数は植物を見分けるときのポイントにもなります。

豆ちしき④ ● 単子葉植物と双子葉植物の見分け方

　単子葉植物と双子葉植物は、子葉の数に違いがあるといいましたが、他にもこの2種類の植物を見分けるポイントは多くあります。根の形、葉の脈、花葉の数などです。まとめてみると、単子葉植物は、子葉が1枚で、根はひげ根系で不定根を持ち、葉の脈は平行脈で、花葉は3数性です。一方、双子葉植物は、子葉が2枚で、根は主根と側根からなる直根系、葉の脈は網状脈で、花葉は5数性または4数性のものが多いです。植物のこれらの特徴を見れば、すぐに単子葉か双子葉かは見分けがつくと思います。

　さらに、もう少し詳しく見ると、茎や根の内部構造にも違いがあります。茎や根の内部には、水の通り道の「木部」と、糖などの養分が通る「師部」からなる「維管束」があります（下図）。

　単子葉植物の根の横断面を見ると、維管束の中心にはやわらかい組織（髄）があり、髄の外側に放射状に木部があって、さらにその外側には師部があります。

　これに対して、双子葉植物の根の横断面を見ると、維管束には髄がなく、中心に突起を持った木部があり、その外側に師部があります。

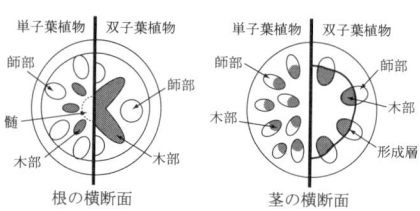

維管束の模式図

　一方、茎は根と異なって、維管束は木部と師部が1つのセットになっています。双子葉植物の茎の横断面を見ると、維管束は放射状に配置され、外側に師部、内側に木部、そしてその間に形成層という、細胞分裂を盛んにおこなう部分があります。

　これに対して、単子葉植物の茎の横断面を見ると、維管束は全体に散在して、外側に師部、内側に木部というのは同じですが、その間に形成層はありません。

　特に、茎の維管束の違いというのは、成長にも関わってきます。双子葉植物は内側に次から次へと木部をつくっていき、茎を太らせていくことができます。そのために、双子葉植物は樹木になることができるのです。

第 5 章●花

3　いろいろな形の花冠

　花冠にはさまざまな形があり、植物によっては特別な形をして、それぞれ特別な呼び方をするものがあります。厳密にいうと花冠ではなく、それ以外の花葉が花冠のように目立つものを花冠という場合もあります。

● ナデシコに特有な花

　秋の七草の1つ、ナデシコ（カワラナデシコ）の花冠は、ピンク色の5枚の花弁からなっています。各花弁の基部は細長く、萼筒の中に収められており、先端部は幅広くなってその先で開出します（図68）。これを「ナデシコ型花冠」と呼びます。

　ナデシコ科の仲間に特有な形で、身近なものでは、園芸用のセンノ

図 68. ナデシコ型花冠 ― カワラナデシコ
　　　（絵：西本眞理子氏）

ウ、ムシトリナデシコやマンテマなどで見ることができます。

　ちなみにムシトリナデシコは、もともと観賞用でしたが、今では河原や道端で見かけます。ムシトリと名がついていますが、食虫植物ではありません。しかし、茎から出る粘液で茎を登ってくる昆虫を捕らえます。何のために捕らえるのかというと、花の蜜や花粉を、受粉に効率的でないアリなどの昆虫にとられないために、花まで来られないようにしていると考えられています。

● 十字形の花

　春、菜の花畑に黄色の花が一面に咲きます。一般的に菜の花は、アブラナやセイヨウアブラナのような、油をとるために栽培されているものや、カブのように野菜の種子をとるために栽培されているものなどのことをいいます。

　さて、この黄色の花を見てみると、どのアブラナ科植物でも4枚の花弁が1対ずつ対生して、十字形をしています（**図69**）。これを「十字形花冠」といい、アブラナ科に特有なものです。アブラナ科と今ではいいますが、かつては十字花科と呼ばれていました。

　アブラナ科は、花冠の形が特有ですが、4強雄ずい（**図55：78ページを参照**）、あるいは果実（アブラナ科に特

図69. 十字形花冠 ― アブラナ科ハタザオ
（絵：西本眞理子氏）

有の果実：153 ページを参照）も特有な形をしているので、すぐに見分けがつく植物だと思います。

● バラ科に特有な花

リンゴやナシというと果物をイメージするかと思いますが、それらの花は白くて美しいものです。リンゴやナシの花は、丸い 5 枚の花弁が水平に広がって、浅い皿のようになっています。これはバラ科に見られる花冠の形で「バラ形花冠」といいます（図 70）。身近なものとしては、ヒメリンゴやヤマブキ、ノイバラなどで見られます（図 64：87 ページを参照）。

図 70．バラ形花冠－ヒメリンゴ（絵：西本眞理子氏）

ちなみに、美しくて香りが良いことから、観賞用として人気のあるバラは、バラ属の植物が園芸品種化されたものです。八重咲きの花を持つバラもあります。ノイバラも含めて、本来、バラ属はバラ形花冠と多数の雄ずいを持ちますが、園芸化されている八重咲きのバラやヤエヤマブキなどは、雄ずいが花弁状になったものです（弁化）。バラ科のほかにもサザンカやツバキ、カーネーションなど八重咲きの花を持つ園芸品種の多くは、雄ずいが花弁状になっています。

● **マメ科に見られる花**

春に咲くフジや秋の七草のクズ、あるいはハギ（ハギ属植物）などのマメ科の花をよく観察すると、花弁は全部で5枚ありますが、形の異なる3種類の花弁があることがわかります。どうして形の違う花弁があるのでしょうか。じつは、この3種類の花弁は、昆虫に花粉を運んでもらうために役割分担をしているのです。

多くのマメ科で見られる、上側にある大きくてよく目立つ1枚の花弁は「旗弁」といい、昆虫に花の存在を知らせる旗印の役割をしています。旗弁の根元には昆虫に蜜のありかを教える模様（ガイドマークまたは蜜標）がついているものが多いです。花の下側には重なり合った4枚の花弁があります。一番内側の2枚は「舟弁（あるいは竜骨弁）」といい、雄ずいと雌ずいを左右から包み込んで保護しています。舟弁の左右には翼のように張り出している「翼弁」が2枚あり、昆虫の足場となります。このような多くのマメ科に見られる花を「蝶形花冠」と呼びます（図71）。

雄ずいと雌ずいが舟弁に包み込まれているために、昆虫が花に来てもうまく受粉されるのだろうかと思ってしまいますが、そこはうまくできています。

図 71. 蝶形花冠－ゲンゲ（別名レンゲソウ）（絵：西本眞理子氏）

　花を訪れたミツバチなどの昆虫は、旗弁のガイドマークを目印にして、旗弁の根元に頭をもぐり込ませます。そのときに脚に力が入って翼弁と舟弁を押し下げます（**図72**）。そうすると舟弁の中にある雌ずいと雄ずいの先端が花弁の外側に出てきて、昆虫に触れる仕組みになっています。昆虫が飛び去ると翼弁と舟弁はもとの位置に戻ります。
　また、雌しべと雄しべにも、この仕組みに対応した工夫があります。マメ科の多くは1本の雌ずいが、花糸同士くっついた雄ずいに囲まれているために、まとまって一緒に花弁の外に出ます。マメ科の多くは10本の雄ずいがあります。また、蜜は雌ずいの付け根にあります。しかし、10本の雄ずいがすべてくっつくと、昆虫は蜜が吸えなくなっ

てしまいます。そこで、10本の雄ずいのうち、1本だけが離れています（両体雄ずい：80ページを参照）。この離れた1本の隙間は、昆虫が口を差し込みやすくなっており、蜜が吸えるようになっているとされています。

図72. カラスノエンドウの花を訪れたニッポンヒゲナガハナバチ
（撮影：堂囲いくみ氏）

● スミレの花

道端でよく見かけるスミレ（スミレ科）の鮮やかな紫色の花に、目を奪われてしまうこともあるかと思います。

花のつくりをよく観察してみると、花の柄が先端で急に下向きになって、花が吊り下げられているようになっていることがわかります。

もう少し詳しく見ると、花弁は5枚で、上側に2枚（上弁）、左右に2枚（側弁）、下側に1枚（唇弁）あります（**図73**）。

図 73. スミレ形花冠 ― アリアケスミレ（絵：西本眞理子氏）

　スミレの花冠の最大の特徴はこの下側の唇弁です。唇弁は前に突き出ており、中央に深い溝があります。さらに、唇弁の後ろ側は袋のようになって突き出しています。これを「距（きょ）」といいます。スミレは距の部分に蜜を貯めています。
　この蜜を求めてスミレの花を訪れるのはツリアブ類です（**図74**）。蜜を吸いに来たツリアブは、唇弁の前に出ている部分にとまります。そして、唇弁の溝にそって口を差し込み、花の奥の蜜を吸います。花

の中心の上側には雌ずいと雄ずいがあるので、ツリアブが口を差し込むと、頭が雌ずいに触れて、花粉がつきます。このような仕組みで花粉が運ばれたり、受粉をしたりします。この仕組みを備えた、スミレに特有な花冠の形を「スミレ形花冠」といいます。

図 74. ミヤマスミレの花を訪れているツリアブ（撮影：堂囿いくみ氏）

ちなみに、イカリソウ（メギ科）やツリフネソウ（ツリフネソウ科）の花にも蜜を貯めている細長い距がありますが、この場合はスミレ形花冠といわずに、「有距花冠（ゆうきょかかん）」と呼んでいます（**図 75**）。有距花冠は、少なくとも花弁や萼片の一部に距を持つ花冠のことをいいます。

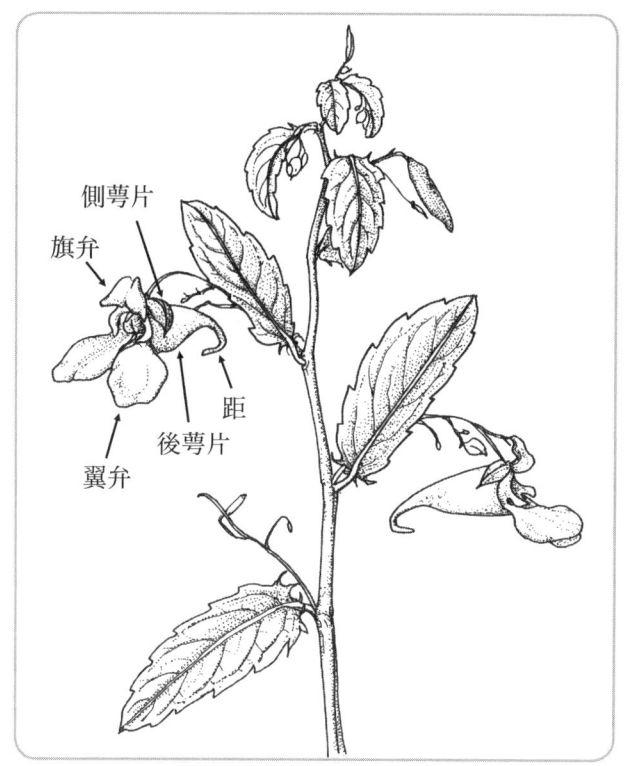

図75．有距花冠－ツリフネソウ科キツリフネ
（絵：西本眞理子氏）

● トリカブトの花

　トリカブトは、兜のような形の萼が花弁の役割をしています（**図46**：70ページを参照）。この萼が兜形をしているトリカブト属の花形を「かぶと状花冠」と呼びます。トリカブトの花弁は、蜜を出す蜜腺となって兜の中にあります。

　毒草というイメージがあるトリカブトですが、身近に見かけるものは、観賞用として切花やいけ花などに使用されるハナトリカブト（キンポウゲ科）や、山に自生しているヤマトリカブト（キンポウゲ科）

などでしょうか。ともに青紫色のかぶと状花冠を持っています。

ところで、なぜ兜のような形をしているのかというと、それは花粉を運ぶ昆虫をうまく中まで誘導するためとされています。

ヤマトリカブトの受粉はマルハナバチというハチがおこないます。ヤマトリカブトの花を詳しく見てみると、3種類の萼片が5枚あります。一番下側に、斜め前に出ている2枚の萼片（下萼片）があり、この2枚は花に訪れたマルハナバチの足場になります。その上には、丸い萼片が左右に1枚ずつあります（側萼片）。左右にあるため、ハチは横から入れないようになっています。その上に袋状の1枚の萼片（後萼片）

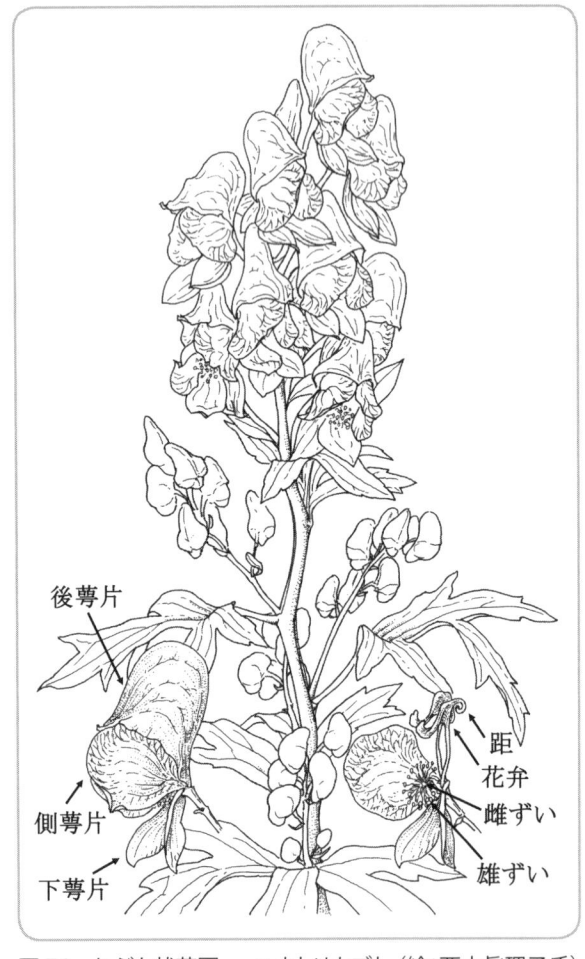

図76. かぶと状花冠 ― ハナトリカブト（絵：西本眞理子氏）

があり、その中の花弁の「距」に蜜腺があります (**図76**)。ハチは一番上の蜜を求めて、花の中を真っ直ぐに進むしかありません。そのときに花の入り口にある雄ずいと雌ずいに触れて花粉を媒介します。

● 壺のような花

　春、枝先にスズランのような、たくさんの白色の花をつり下げている生垣や庭木を目にすることがあります。これはドウダンツツジというツツジ科の植物で、春に咲く花と秋に赤く紅葉する葉がきれいなことから、各地に植えられています。

　ドウダンツツジの白い花を見てみると、壺をひっくり返したような形をしており、先のほうでくびれて、さらに先が5つに分かれて反り返っています。このような花冠を「壺形花冠（つぼがたかかん）」といい、アセビや園芸植物のイチゴノキなどのツツジ科の一部、あるいはカキ（カキノキ科）などに見られます (**図77**)。ちなみにツツジ科は合弁花類ですので花弁は合着しています。

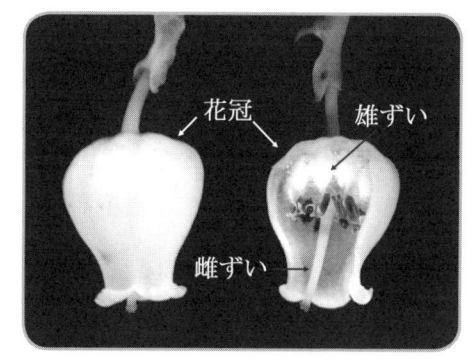

図77. 壺形花冠 ― ツツジ科ヒメイチゴノキ

　ところで、なぜ花冠の先がくびれて反り返っているのでしょうか。それは花粉を運ぶ昆虫がこの反り返りにつかまって、蜜が吸えるようになっているからだといわれています。花に逆さまにとまれる昆虫はチョウとハチの仲間だけとされ、さらに、反り返りを使って逆さまにとまれるのはハナバチの仲間だけと考えられています。壺形の花冠の奥にある蜜を吸いに来たハチは、頭を壺の中に入れて蜜を吸います。

このとき、雄ずいに触れるので、花粉がハチの顔にかかり、ハチが次の花を訪れた際に、雌ずいに触れて受粉するとされています。

● 先が大きく分かれている細長い筒状の花

ジャスミン（モクセイ科ソケイ属）の花の近くを通ると、強い香りがします。よく花屋さんで見かけるモクセイ科のジャスミンは、主にハゴロモジャスミンという種類で、香りを放つ白い花をつけます。

白い花は、細長い筒状で、先端で大きく5枚に分かれています。このような形の花冠を「高杯形花冠（こうはいけいかかん）」といい、観賞用にされているシバザクラ（ハナシノブ科）、サクラソウ（サクラソウ科）などで見られます（図78）。

図78．高杯形花冠－サクラソウ（絵：西本眞理子氏）

ジャスミンやシバザクラ、サクラソウもぱっと見ると花弁が5枚あるようですが、合弁花類ですので、分かれているのは花冠の先のほうだけです。

　ちなみに、合弁花冠の先がいくつかに分かれている部分を「裂片」といいます。

　私たちは、ジャスミンをお茶や香水として香りを楽しむことがありますが、本来この香りは、花粉を運んでもらう昆虫に、花の場所を教えるためのものと考えられます。ハゴロモジャスミンの花は白く、先が大きく開き、香りが強いため、チョウのような昆虫から見ればとても目立つのです。特に強い香りと白色の花は夜に目立ち、夜に来る昆虫に有効と考えられています。

　細長い筒状の花の奥には蜜がありますので、においと色に誘われて来た昆虫は、蜜を吸うために口を差し込みます。そのときに花の中にある雄ずいや雌ずいに触れて花粉が媒介されるのでしょう。

● アサガオの花

　ピンク色や青色をした色鮮やかなアサガオの花は、筒状で先に向かうに従って広がり、花の入り口は円形になっていて、ラッパのような形をしています。このような形の花冠を「漏斗形花冠」といい、典型的な形をしたものはヒルガオ科の植物で見られます（図79）。

図79. 漏斗形花冠 ― ヒルガオ

アサガオは5数性の合弁花類ですので、花弁はくっついていますが、つなぎ目が白いスジとなって見え、ふつうは5つのスジ(曜(よう))があります。

さて、アサガオは観賞用として栽培品種化されてきましたが、本来は薬用として栽培されてきました。もともと日本には生えていない植物で、日本には奈良時代に中国から入ってきたと推定されています。いつから観賞用として栽培されるようになったかというと、江戸時代からだといわれています。江戸時代は花色が多彩なものや、花や葉の形が変わったアサガオ(変化朝顔)が主流でしたが、こんにち見かけるアサガオのほとんどは、明治時代以降に変化朝顔にとってかわって主流となった花の大きなアサガオ(大輪朝顔)です。また、現在は熱帯アメリカ原産のアメリカアサガオ(ヒルガオ科)の園芸品種なども栽培されています。

● ナスの花

みなさんのなかにも、畑やプランターでナス(ナス科)を栽培している人もいるかと思います。夏になると、ナスは淡い紫色の花をやや下向きに咲かせます。中心には、黄緑色の雌ずいのまわりを黄色の雄ずいが囲んでいるのが観察できます。花の形を見ると、筒の部分が短くて、5つの大きな裂片が放射状に水平に開いています。このような形の花冠を「車形花冠(くるまがたかかん)」といい、ナスの仲間やワスレナグサ(図53：77ページを参照)などの植物で見られます(図80)。ちなみにナスは萼が「へた」となって残ります。

第 5 章 ● 花

図 80. 車形花冠 ― トウガラシ（絵：西本眞理子氏）

図 81. キダチチョウセンアサガオ属の一種 *Brugmansia versicolor* Lagerh.

ところで、ナスも含めてナス科の植物には有用植物となるものが多いです。食用にされているジャガイモやトマト、ピーマン、トウガラシ、クコ、嗜好品にされているタバコ、観賞用にされているチョウセンアサガオ、キダチチョウセンアサガオ（しばしばお花屋さんでエンジェルズ・トランペットとされているもの）、ホオズキ、ペチュニアなどがあります（図81）。

しかし、ナス科には毒があるものも多いです。例えばジャガイモの芽には毒があることがよく知られていますし、観賞用のチョウセンアサガオやキダチチョウセンアサガオ、ホオズキも有毒植物です。

● **キキョウの花**

秋の七草の1つであるキキョウ（キキョウ科）は、鮮やかな紫色の鐘形の花をつけて、その先が5つに分かれています（図82）。また、梅雨の時期に山道を歩くと、同じくキキョウ科のホタルブクロの花を見かけますが、ホタルブクロはキキョウのように上を向いている花冠ではなく、下向きに咲く釣鐘状の花冠を持ってい

図82. キキョウ（絵：西本眞理子氏）

ます（図83）。

　ともに、花弁がくっつき筒のようになって、鐘形をしています。このような形の花冠を「鐘形花冠（しょうけいかかん）」といい、典型的な形をしたものはキキョウ科の植物で見られます。

　ホタルブクロもキキョウも花が咲き始めのころ、あるいはつぼみのころは、雄ずいだけが活動します。雌ずいを取り囲んでいる雄ずいは花粉を出して、雌ずいに生えている毛に花粉をくっつけます。その後、雄ずいはしおれてしまい、しばらくして雌ずいは柱頭が分かれて、花粉を受け取る準備ができます。

　さて、ホタルブクロは、花冠の筒の内側にも毛が多く生えています。花冠の奥の蜜を求めてきたハナバチ類は、この毛を足場にして、内側をはい上がります。そのとき、雌ずいの毛についた花粉がハチの背中につき、花粉が運ばれるのです。そして、ほとんどの花粉が運ばれた後に、雌ずいの柱頭が分かれて花粉を受け取る時期になります。つまり、ホタルブクロはしっかりと準備してからハチを花の中に招いているようです。

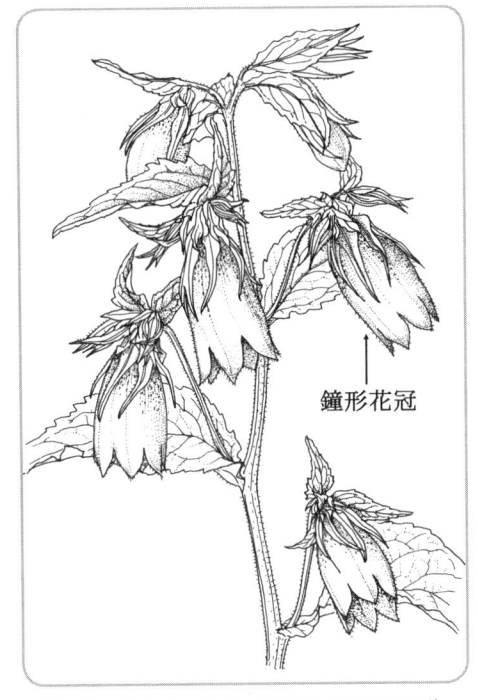

図83．ホタルブクロ（絵：西本眞理子氏）

● 唇のような花冠

　シソの葉や花、実はよく食用にされますが、食べてしまう前に花を観察してみてください。シソの花をよく見ると、花冠は横向きで、先が上下に大きく2つに分かれて、まるで横から見た唇のような形をしています。そのため、上側を「上唇(じょうしん)」、下側を「下唇(かしん)」といい、その間の筒部分は「花喉(かこう)」と呼ばれています。このような形の花冠を「唇形花冠(しんけいかかん)」といい、ホトケノザやサルビア、ラベンダーなどのシソ科（図84）、道端で見かけるムラサキサギゴケや、花壇に植えられて

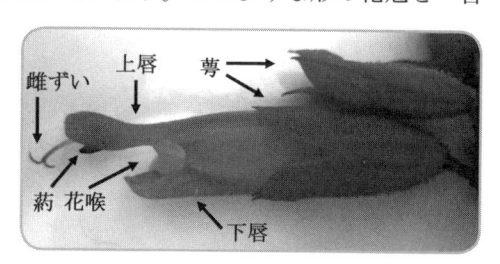

図84. 唇形花冠 ― サルビア

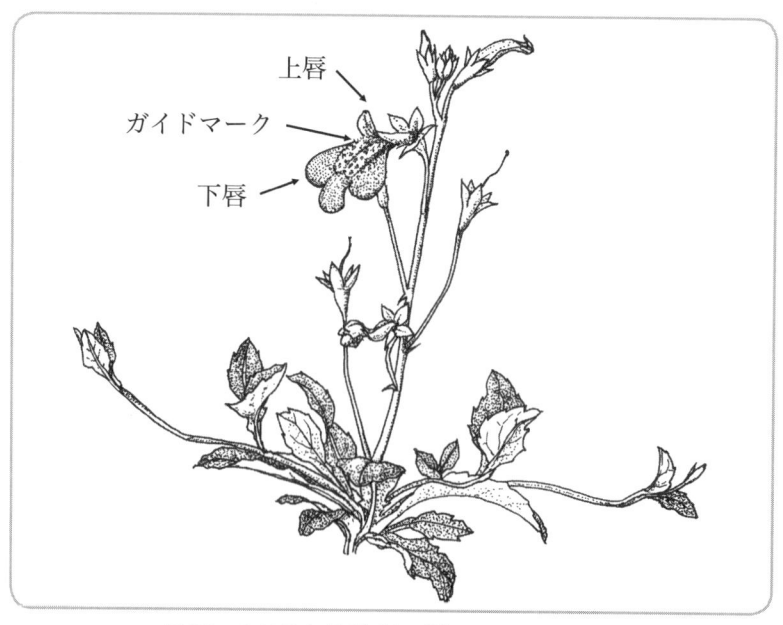

図85. ムラサキサギゴケ（絵：西本眞理子氏）

いるキンギョソウなど、従来のゴマノハグサ科の多くの植物に特有なものです（図85）。

　シソ科と従来のゴマノハグサ科は唇形花冠を持つことから、他の植物とすぐに見分けがつきます。では、シソ科とゴマノハグサ科とを見分けるポイントはというと、子房の形に大きな違いがあります。シソ科の子房は4室ですが、ゴマノハグサ科の子房は2室です。

　ところで、従来のゴマノハグサ科といいましたが、じつは最近の研究から、ムラサキサギゴケやキンギョソウなど多くの種類のものが、ゴマノハグサ科としては認識されなくなっていて、現在は多くの他の科に含められているのです。ムラサキサギゴケはハエドクソウ科、キンギョソウはオオバコ科にされています。

　シソ科は5数性の合弁花類で、上唇には2弁が、下唇には3弁がくっついたものが多く見られます。唇形花冠の筒の奥には蜜が貯まっていて、上唇か下唇のどちらかに、斑点模様のようなガイドマークを持つものが多いです。ガイドマークを目印に花を訪れたハナバチ類は下唇を足場にして、花喉から筒に潜り込んで奥の蜜を吸ったり、花粉を集めたりします（図86）。そのとき、花の中にある雄ずいや雌ずいに触れて花粉が媒介されます。

　春に黄色のガイ

図86. ウツボグサ（シソ科）の花を訪れたトラマルハナバチ（撮影：堂囿いくみ氏）

ドマークが目立つ紫色の唇形花冠を咲かせているムラサキサギゴケはさらに、動く雌ずいを持っています。雌ずいの先は大きく開いていますが、何かが触れると先が閉じるようになっています。これは、ハチが来て触れたときに花粉がつき、その花粉をしっかりと閉じ込めるためだと考えられています。このように唇形花冠もまた、うまく花粉が運ばれるような花の形になっているのです。

ところで、シソは香りがすることから、料理に使用されますが、その他のシソ科の植物にも強い香りのするものが多いです。ミントやバジル、レモンバーム、セージ、タイム、ローズマリーなどは、ハーブやスパイスとして使用されています。

ただし、シソ科のホトケノザは食用にはなりません。春の七草の1つであるホトケノザは、キク科のコオニタビラコで、シソ科のホトケノザとは別のものです。ちなみに、春の七草（セリ、ナズナ、ゴギョウ＝ハハコグサ（キク科）、ハコベ（ナデシコ科）、ホトケノザ＝コオニタビラコ、スズナ＝カブ、スズシロ＝ダイコン）は、七草粥として食べられますが、秋の七草（ハギ、ススキ、クズ、ナデシコ、オミナエシ、フジバカマ（キク科）、キキョウ）は食用目的ではなく、観賞用です。

● **キク科に特有な花**

夏といえばヒマワリの花、秋といえばコスモスの花を連想する人もいるのではないでしょうか。ヒマワリもコスモスもキク科の植物で、ヒマワリは色鮮やかな黄色、コスモスはきれいなピンク色の花を茎の先に咲かせていますが、1つの花に見えるものは、じつは2種類の花冠を持つ花がたくさん集まってできたものです（頭状花序または頭花）。

ヒマワリの花の一番外側には、黄色の花びらがあります。この花びら1枚1枚が1つの花冠の大きく発達した花弁部分で、その下には短い筒があります。この周辺部の花冠を「舌状花冠」といいます。
　一方、ヒマワリの花の中心部分をよく見てみると、細長い筒状の先が5つに分かれて星形になっているものがあります。これがもう1つの花冠で「筒状（管状）花冠」といいます。
　コスモスやツワブキ（キク科）でも同じような花の形が見られ、外側に舌状花、内側に筒状花を持つ花は多くのキク科植物で見られます（図87）。
　また、キク科の植物は合弁花類で5数性ですので、5枚の花弁が合着して筒になっています。さらに、雄ずいも互いにつながって筒状になって雌ずいを取り囲んでいます。ヒマワリでは、筒状花の星型に開いた花弁の中から、濃褐色の雄ずいと雌ずいが出ています。

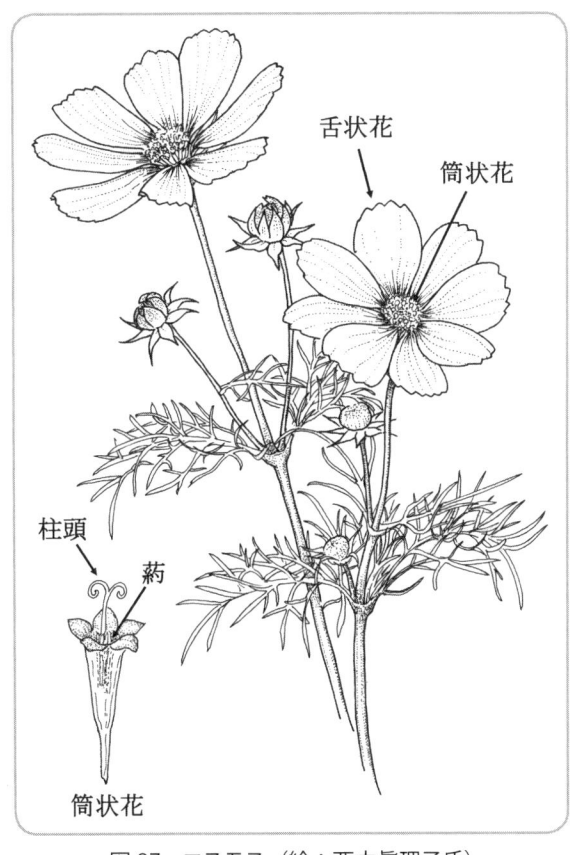

図87．コスモス（絵：西本眞理子氏）

しかし、ヒマワリやコスモスの舌状花には雌ずいは見られませんが、ツワブキなどは舌状花の筒部分から雌ずいが出ているのがわかります（図88）。周辺部の舌状花は昆虫を誘うための飾りの役割をしているものが多いために、雄ずいや雌ずいがないものもあります。しかし、キク科のなかでもタンポポやノゲシ（図29：49ページを参照）の花は舌状花だけからできていて、アザミは筒状花だけからできています。

図88. 頭状花序 — ツワブキ

● ユリの花

　白い花を咲かせるテッポウユリやカサブランカ、オレンジ色に斑点模様のある花を持つオニユリなどは、鐘形または漏斗形に集まった6枚の同じような色と形の花被片を持っています。このような花を「ユリ形花冠」といい、広義のユリ科の植物で見られます（図89）。

　広義のユリ科植物は、テッポウユリやカノコユリなどを含めて、ホトトギス、カタクリ、スイセン、ユリズイセン、チューリップ、スズラン、ヤブラン、オリヅルラン、ヒヤシンス、タマネギ、アスパラガスなど、身近に見られる多くの植物が含まれています。

　しかし、最近の研究から、これらはすべてユリ科としては認識されなくなっています。ユリズイセン科（ユリズイセン）、ネギ科（タマネギ）、ヒガンバナ科（スイセン）、キジカクシ科（ヒヤシンス、オリヅルラン、スズラン、ヤブラン、アスパラガス）など、細かく多くの

図89. ユリ形花冠 ― カノコユリ（絵：西本眞理子氏）

科に分けられています。ユリ科は、テッポウユリやカノコユリ、ホトトギス、カタクリ、チューリップなどです。

　ところで、花屋さんで売られているカサブランカの花には、雄ずいが無いことがあります。これは衣服にオレンジ色の花粉がつかないように摘んでいるのです。

　花粉がつきやすいのは、本来、昆虫に運んでもらうためです。カサブランカの葯は、細い花糸にＴ字形につく丁字着葯で、ふらふらと

113

動きやすい構造になっています。また、花粉には粘り気があります。これらはチョウが蜜を吸いに来たときに羽にくっつけるためとされています。

● ラン科に特有の花

シラサギのような形の花を持つサギソウや園芸用に栽培されているシラン、花屋さんで売られているコチョウラン、デンドロビウム、シンビジウムなどはラン科の植物です（図 90）。

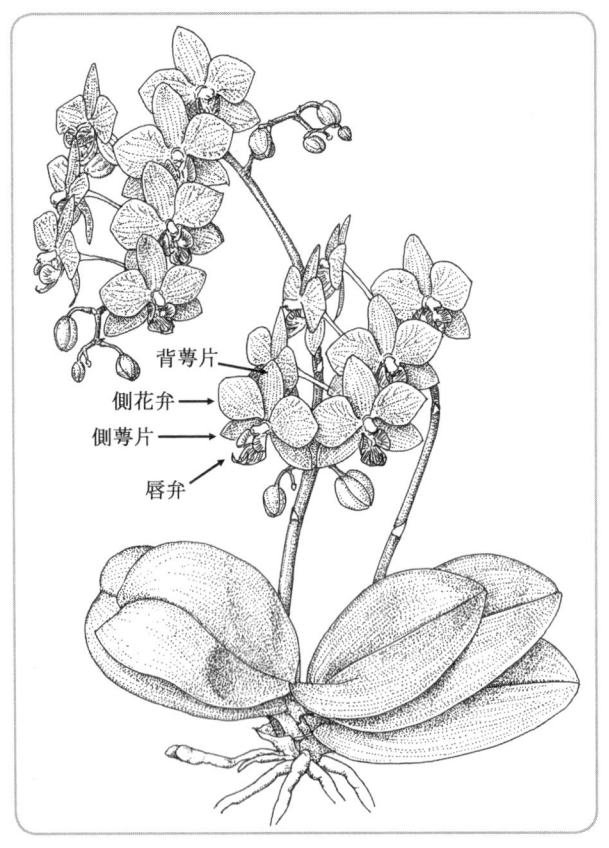

図 90．ラン形花冠 ─ コチョウラン（絵：西本眞理子氏）

ラン科植物の花の形はとても多様ですが、花は3枚の萼片と3枚の花弁からなり（なかには萼片と花弁が区別できないものもあります）、中央下側の1枚の花弁が大きく形を変えて特殊化して唇弁となります。このような花を「ラン形花冠」といい、ラン科の植物に特有です。

　唇弁は形だけでなく色も異なることがあり、また、基部が長く伸びて奥に蜜を貯めている距を持つ種類もあります。ラン科の花の形の多様性は、ランが花粉を昆虫に媒介される「虫媒花」だからです。花を訪れる昆虫の形や行動に合わせて、長い年月をかけて花の形を特殊化させてきたとされています。

　例えば、サギソウは、緑色の3枚の萼片と3枚の白色の花弁があり、唇弁はシラサギが羽ばたいているような形になっていて、目立ちます（図91）。基部には長い距があり、唇弁の付け根には距の入り口があります。この長い距に口を差し込んで、奥の蜜を吸うことができるのは、長い口を持ったスズメガの仲間だけです。また、距の入り口の上に雄ずいと雌ずいが一体となった「ずい柱」があり、

図91. サギソウの花

その先端には花粉の塊（花粉塊）があります。スズメガはサギソウの花を訪れ、長い距に口を差し込んで蜜を吸うときに、頭がずい柱に触れて、粘着性の花粉塊をつけて運びます。

　ちなみにマダガスカルでは、距の長さが30センチにもなるランと、

その奥から蜜を吸うことができるスズメガの仲間も知られており、ともに関係し合って進化したと考えられています。

　公園などによく植えられている、紫色の6枚の花被を持つシランの唇弁は、飾りが多く大きくて目立ちます。唇弁の奥には白い模様がありますが、特に距はなく、蜜もありません。目立つ花に誘われてハチ類が訪れて、唇弁にとまり、奥の白い模様に誘導されて潜り込みます。しかし、蜜がないのですぐに花から出てきて、そのときにハチの背中がずい柱に触れて、粘着のある花粉塊をつけるのです。つまり、シランの花は、蜜を持っている花に見せかけてハチなどをおびきよせていると考えられています。

　このように、昆虫をだますように進化したラン科の花はいくつかあります。ヨーロッパにあるイエロービーオーキッドや、オーストラリアにあるハンマーオーキッド（ドラケア属植物）などは、花の形を雌バチに似せて、雄バチをおびきよせて花粉を運ばせているとされています。

　ラン科植物は長い年月をかけて、昆虫とお互いに関係し合って花の形を多様化させてきました。この美しい花を持つために、観賞用として園芸品種化されたものも多いです。しかし、野性のランのなかには、乱獲や盗掘によってほとんど見られなくなった種類もあります。ランと昆虫の関係がくずれたら、ともに滅びてしまいますし、長い年月をかけて多様化してきたものが、人の手によって失われてしまうのはとても残念なことです。私たちは身近にある植物を観察して学ぶ一方で、保護・保全も考えていかないといけませんね。

4 花の集まり方やつき方

　さて、これまで1つの花について述べてきました。しかし、植物には花を茎の先端に1つだけつけるものだけでなく、集合してつけるものもあります。集合した花の形や1つの花のつく順序などは、植物によって決まっています。このつき方や集まり方を「花序(かじょ)」といいます。イネの穂のようなものや、ブナのようにシッポみたいに長く垂れ下がるもの、あるいはセリ（セリ科）のように花火みたいに広がるものなど、いろいろなタイプの花序があります。

　花序は、大きく2つのグループに分けられます。1つは、1つの茎の先端の分裂組織の活動によって、絶えず腋芽として花が作られ続けるもので「総穂花序(そうすいかじょ)」といいます。総穂花序は、1つの茎の先端に花をつけても成長が終わることがないので、「無限花序(むげんかじょ)」とも呼ばれています。といっても、現実には無限に成長することはなく、次第に成長が弱まって、活動が止まります。

　もう1つは「集散花序(しゅうさんかじょ)」といい、茎の先端の分裂組織が花を作ると成長が終わり、腋芽からまた茎が成長して花がついて成長が終わり、また次の腋芽から花が、というように次々に花が作られるものです。集散花序は、1つの茎の先端に花をつけて成長が止まるので「有限花序(ゆうげんかじょ)」とも呼びます。

● いろいろな総穂花序

　総穂花序にもいろいろなタイプがあり、花の柄の長さや柄の有無、あるいは花がつく軸（花序軸(かじょじく)）の形などで区分されています（**図92**）。

　例えば、アブラナやドウダンツツジ、ジャノヒゲなどのように長さの

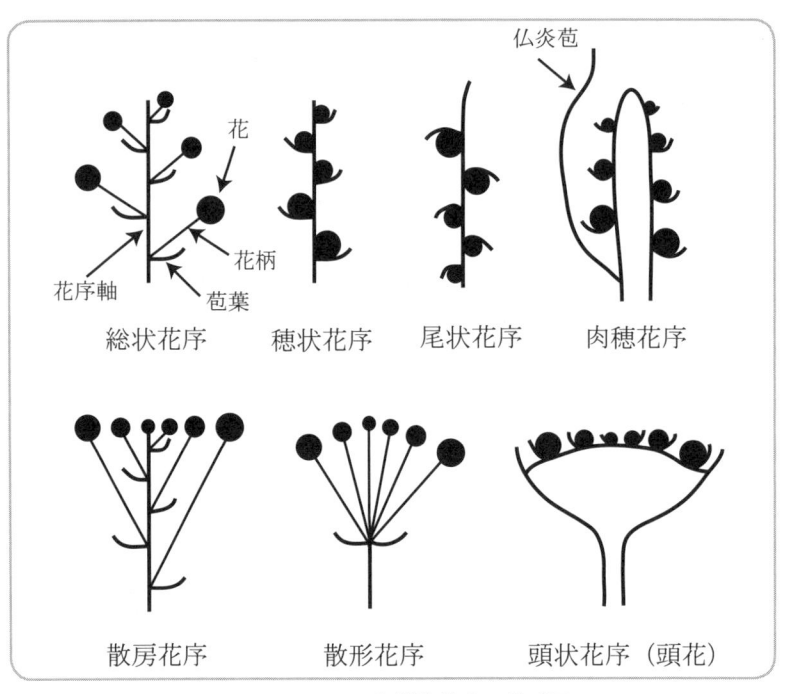

図92. いろいろな総穂花序の模式図

　等しい柄のある花が花序軸に等間隔で多数ついているもの（総状花序）や、ドクダミ（図93）やオオバコ（オオバコ科）のように柄の無い花が花序軸に等間隔で多数つき、花序が細く直立するもの（穂状花序）、あるいはブナやヤナギ、クルミ（クルミ科クルミ属植物）などのように花序がシッポみたいに垂れ下がるもの（尾状花序 — 図104：131ページを参照）、ミズバショウ（図39：61ページを参照）のように仏炎苞の中に多肉質の花序軸があるもの（肉穂花序）などがあります。

　また、コデマリ（バラ科）のように多数つく花の柄の長さが、下部の花ほど長くて、全体がほぼ倒円錐形になるものを「散房花序」といい、サクラソウ（図78：102ページを参照）やヒガンバナのように散房花序と似ているものの、節間が伸びずに、1ヵ所から柄が出て全

118

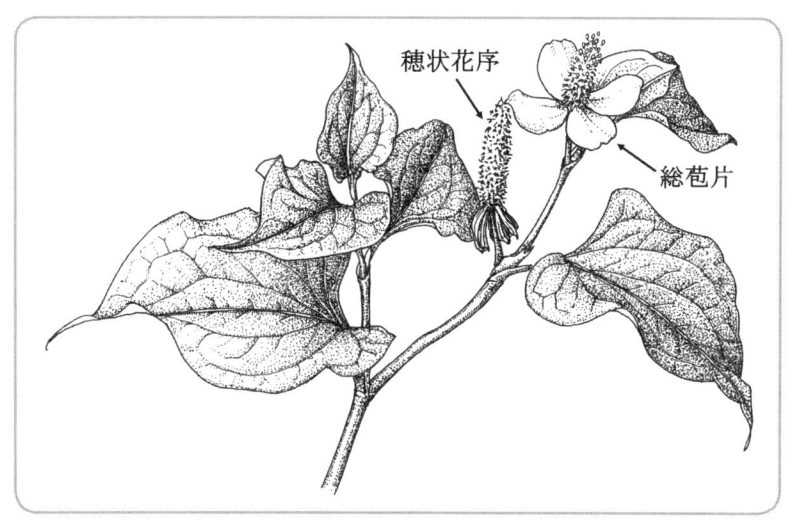

図93. ドクダミ（絵：西本眞理子氏）

体が傘形になるものを「散形花序（さんけいかじょ）」といいます。

さらに、特殊なタイプとして、前にも述べましたが、キク科のように先端に2種類以上の柄の無い花がつくものを「頭状花序（とうじょうかじょ）（あるいは頭花（とうか））」といい、イネ科やカヤツリグサ科の植物のように、鱗片状の苞葉に腋生してつく多数の小さな花が集まったものを「小穂（しょうすい）」といいます（図100, 101：125ページを参照）。

ちなみにドクダミやキクのように花が小さくまとまってつき、1つの花のように見えるものを「偽花（ぎか）」といいます。ドクダミの場合は、白色の花びらのように見えるものは「総苞片」で、中心の黄色のものが穂状花序です。

● いろいろな集散花序

集散花序にもいろいろなタイプがあり、1つの節から出る花柄の本数や、節と節の角度で区別されています（図94）。

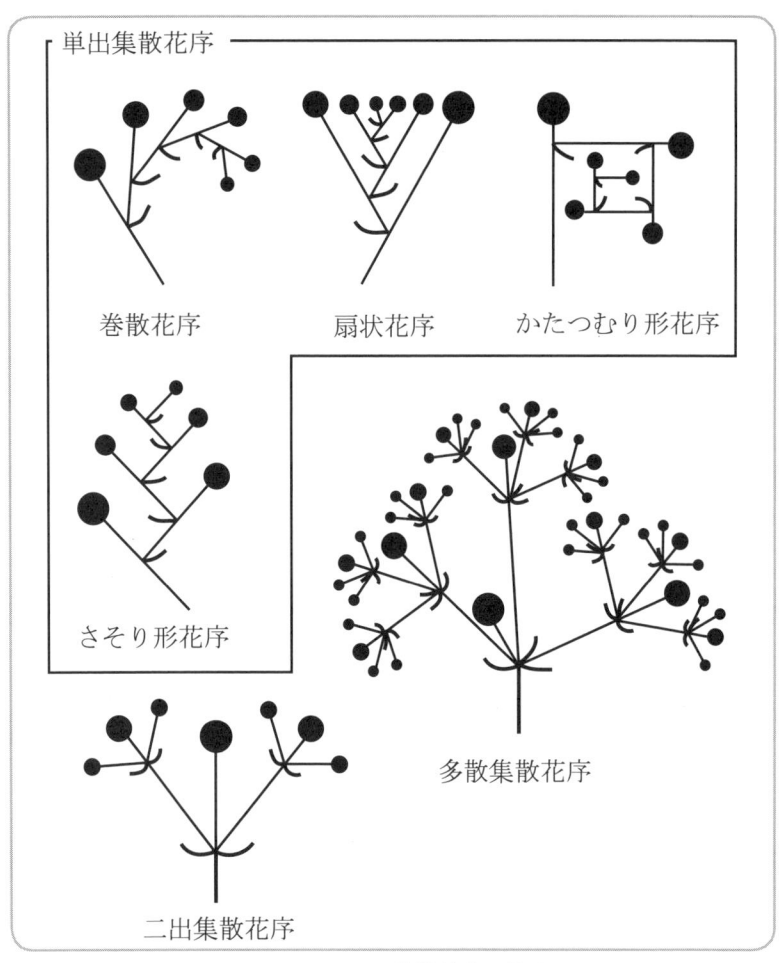

図94. いろいろな集散花序の模式図

　柄が各節に1本出るもの、つまり互生する葉の葉腋から伸びているものを「単出集散花序」といいます。単出集散花序には、ワスレナグサ（**図53**：77ページを参照）のように平面的に渦巻き状に見えるもの（巻散花序）、ゴクラクチョウカ（ゴクラクチョウカ科）のよう

図 95. 扇状花序 ― ゴクラクチョウカ科

に左右交互に分枝するもの（扇状花序―図 95）、あるいはノカンゾウ（ワスレグサ科―図 96）やキスゲ（別名ユウスゲ；ワスレグサ科）のように同一方向にほぼ直角に分枝して立体的な渦巻き状に見えるもの（かたつむり形花序）、ムラサキツユクサ（ツユクサ科）のように左右相互にほぼ直角に分枝して立体的に見えるもの（さそり形花序）などがあります。

　カワラナデシコ（図 68：91 ページを参照）のように花の柄が各節から 2 本生じるもの、つまり対生する葉の葉腋から、それぞれ柄が伸びるものを「二出集散花序」といいます。

　また、ヤブガラシやアジサイなどのように、各節に 3 本以上の柄が生じるものもあり、「多散集散花序」と呼びます。

図96. かたつむり形花序 ― ノカンゾウ（絵：西本眞理子氏）

● **複数の花序**

　花序が1種類のみで構成されている場合もありますが、複数の花序が組み合わさってできているものもあります。これを「複合花序」といいます。

　複合花序には、同じ形の花序が組み合わさってできているもの（同

形複合花序）と、2種類以上の異なる形の花序が組み合わさってできているもの（異形複合花序）があります。

例えば、同形複合花序には、アオキやユキノシタ（図97）のように総状花序が組み合わさってできているもの（複総状花序）、シモツケ（バラ科）のように散房花序が組み合わさってできているもの（複散房花序－図118：152ページを参照）、ススキのように穂状花序が組み合わさってできているもの（複穂状花序）、セ

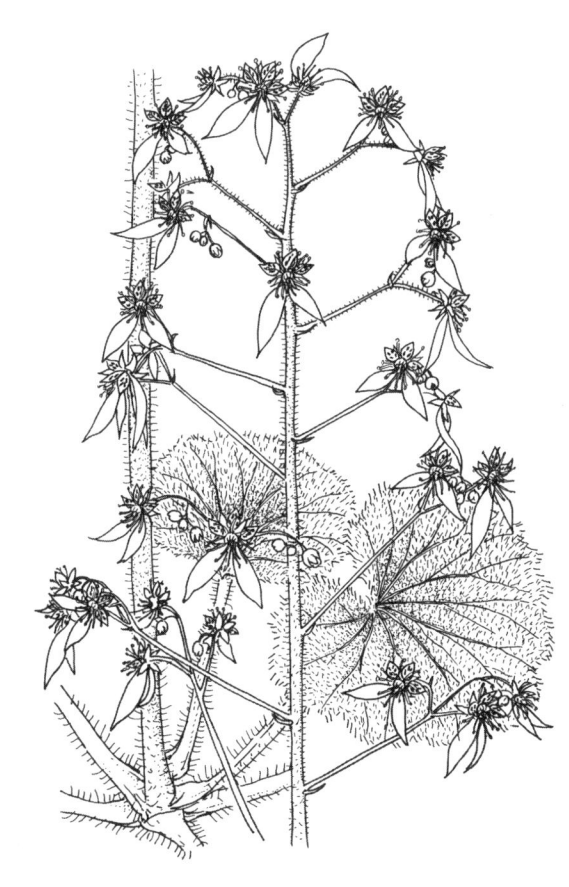

図97. 複総状花序－ユキノシタ（絵：西本眞理子氏）

リのように散形花序が組み合わさってできているもの（複散形花序－図127：158ページを参照）、オミナエシ（スイカズラ科）のように集散花序が組み合わさってできているもの（複集散花序）、あるいは、シソのように対生する葉の葉腋に生じる2個の集散花序が組み合わさっているもの（輪散花序－図98）などがあります。

123

図 98. 輪散花序 ― メハジキ（シソ科）

ちなみに、花火のように開いた複散形花序は、多くのセリ科の植物で見られるので、花序からセリ科の植物は他の植物と見分けがつきます。セリ科には、ニンジンやセロリ、パセリ、ミツバ、コリアンダーなど香りの強いものが多いです。

図 99. 散形総状花序 ― ヤツデ

一方、異形複合花序には、ヤツデ（図99）のように散形花序が総状に配列したもの（散形総状花序）、イネ科やカヤツリグサ科に見られる穂状花序が、ヒメカンスゲ（カヤツリグサ科）のように総状に配列したもの（穂状総状花序－図100）、ホタルイ（カヤツリグサ科）のように頭状に配列したもの（穂状頭状花序－図101）、また、キク科に見られる頭状花序がセイタカアワダチソウ（図102）のように穂状に配列したもの（頭状穂状花序）や、頭状花序がハルジオンのように散房状に配列したもの（頭状散房花序）などがあります。

図100. 穂状総状花序 ― ヒメカンスゲ

図101. 穂状頭状花序 ― ホタルイ

図102. 頭状穂状花序 ― セイタカアワダチソウ

ところで、キク科の植物には、タンポポやハルジオン、ヒマワリ、コスモス、セイタカアワダチソウなど身近に見られるものが多くありますが、食用とされるゴボウやシュンギク、レタスなども、じつはキク科植物です。

また、アオキやユキノシタ、ウド（セリ科）、セイタカアワダチソウなどの複合花序のうち、柄の長さが下部の花ほど長くて、花序全体が大きくてほぼ円錐形になるものを「円錐花序（えんすいかじょ）」ともいいます。

豆ちしき ⑤ ● セーター植物

セーター植物－サウスレア・トリダクティラ（ネパール、標高約4500mにて）

ヒマラヤの高山という厳しい環境に適応したセイタカダイオウについて先に述べましたが、キク科の植物にもヒマラヤ高山帯に適応進化した分類群があります。それは、トウヒレン属の仲間で、アザミの花に似ている花序が、多くのワタ毛で覆われており、まるでセーター

を着ているかのように見えるので、「セーター植物」と呼ばれています(**前ページの図**)。図はサウスレア・トリダクティラで、ヒマラヤ高山帯の岩場に生育しています。岩場に白くて、もこもこした球形の植物があるので、遠くからでもすぐに見つけることができます。

　このセーターの中は暖かいので、受粉をする昆虫の活動を誘発するとともに、自らの成長にも役立っていると考えられています。つまり、セイタカダイオウと同様に温室効果を持っている植物とされています。

　ヒマラヤ高山帯の夏は短く、また温度の変化も激しいので、セーター植物はワタ毛を身にまとうことで、厳しい環境下でも生存し続けることができたのでしょう。

　植物にとっても過酷な環境ですが、人にとってもヒマラヤを訪れることや、ヒマラヤで植物調査することは、容易ではありません。しかし、このような厳しい環境でしか、これらの植物を見ることができないので、過酷な調査もこれらの植物に出会うことができるならば、とても楽しいものになります。

5 花粉の媒介

　被子植物にとって、雄ずいの葯から出る花粉を雌ずいで受け取って受粉することは、次世代ができる重要な鍵となります。ですので、植物はさまざまな手段で花粉を雌ずいに運んでいます。

　受粉には花粉が同じ花の柱頭につく「自家受粉」と、花粉が他の花の柱頭につく「他家受粉」があります。

　自家受粉の場合は、1つの花の中で確実に受粉することができますが、多様性が低くなり、病気や環境変化に適応できないものができてしまう可能性があります。

　また、自家受粉を防ぐような仕組みもあります。例えば、同じ花の花粉が柱頭についてもうまく受精できないもの（自家不和合性）、同じ花の中で葯の位置と柱頭の位置が空間的に離れているもの（雌雄離熟）、雄ずいと雌ずいが成熟する時期がずれているもの（雌雄異熟）などがあります。あるいは雄花と雌花が離れているものもあります（雌雄異花）。雌雄異花には、同じ株に雄花と雌花が離れてつくもの（雌雄同株）や、雄花と雌花が完全に異なる株につくもの（雌雄異株）などがあります。

　一方、他家受粉の場合は、多様性が高くなり、いろいろなものに適応可能なものができますが、受粉に失敗する花粉が出てくるので、多量の花粉をつくる必要があります。他家受粉では、花粉を他の花の雌ずいに届けるためにさまざまな手段をとっています。

● 花と風

　スギやヒノキなどの花粉が舞う季節、花粉症の方は、花粉飛散情報のチェックをかかせないという人も多いと思います。この空中を舞っ

ている花粉は、もちろん、私たち人間に対して飛んでいるのではなく、植物が風によって花粉を遠くに飛ばすことを目的としています（風媒）。風媒は裸子植物と被子植物の一部で見られ、雌雄異花のものや雌雄異熟のもので多く見られます。この風媒をおこなう花を「風媒花」といいます。風媒花は小さくて、地味で目立たない色のものが多く、あるいは花被がないこともあり、においも出さないものが多いです。また、ふつうは花粉も飛びやすいように小さく、多量につくられます。ちなみにマツの花粉は、飛びやすいように空気の入った風船のようなものが左右に２個ついた構造をしています。

　さて、風といってもいろいろな種類の風があり、季節や場所によっても吹き方が違うことがあります。植物がその風をうまく利用するためには、花を咲かせる季節や花をつける位置、あるいは雄ずいや雌ずいの位置などいろいろ工夫が必要です。

　例えば、カイコのエサとなるクワは、雄花と雌花が異なる株にあり、雄花は多数集まって、枝の先から房のようにぶら下がっています。クワの花粉はとても小さく、また雄ずいは花糸が屈曲していて、それがはじけて花粉が飛び出て、風に乗る仕組みを持っています。このような風媒花を「弾発型」といい、エノキ（アサ科）やイラクサ（イラクサ科－図149：187ページを参照）など畑や林内、林縁の風が弱い環境に生育している植物の多くに見られます。風が弱いところでも、自ら弾けて小さな花粉を風に乗せる仕組みを持つことで、うまく散布していると考えられます。

　それに対して、強い風に吹かれて花粉を長距離散布させる植物もあります（強風型）。クルミやブナなどの高木や、あるいはタデ（図103）などの、強い風を受けやすい荒地のようなところに生育している植物で多く見られます。強風型の植物は、共通した特別な花の構造

などは持っていませんが、一般的には比較的大きな花粉を持っています。花粉が大きいとすぐに地面に落ちてしまうので、強い風でないと遠くまで飛ばないと考えられます。

図103. タデ（絵：西本眞理子氏）

　また、ハンノキ（カバノキ科）やポプラ（ヤナギ科カナダポプラ）などは、シッポのように長く垂れ下がった尾状花序を強い風の力で揺らして、花粉を遠くに飛ばしています（**図104**）。

ちなみにハンノキなどの風媒花の樹木は、葉をつける前に花をつけるものがあります。これは、風が葉にさえぎられたり、風に乗った花粉が葉についてしまったりしないようにしているからと考えられます。

雄ずいの花糸を長くして、葯を風によって揺れやすくすることで、花粉を飛ばす植物もあります（長花糸型）。例えば、イネの穂から白や黄色の葯が飛び出しているところを見たことがある人もいるかと思います。イネは、花糸を長く伸ばして、葯を風によって揺れやすくして、花粉を飛ばしています。同じようにススキやトウモロコシなどのイネ科や、カヤツリグサ科の多く、あるいはオオバコなどは長い花糸を持っています（図105）。

この長花糸型の植物の花粉は、比較的風が弱くても飛ぶ

図104．ブナ科アカガシワ
（撮影：石綱史子氏）

図105．長花糸型 — カヤツリグサ科スゲ属

仕組みになっていますが、花粉は弾発型や強風型より大きく、それほど遠くには飛びません。しかし、長花糸型は群生して生育する植物に多く見られ、花粉はすぐ隣の株の雌ずいにつけば目的達成となるので、花粉が大きいほうが有利になると考えられます。

　風のほかに水の動きを利用して花粉を運ぶ植物もあります（水媒）。水生植物に特有で、水媒も風媒と同様に花が目立たないものが多いです。この水媒をおこなう花を「水媒花（すいばいか）」といい、金魚藻の1つのマツモ（マツモ科）のように水中で受粉するものや、ウミショウブ（トチカガミ科）のように水面で受粉するものがあります。

● 花と昆虫

　チョウやハチが花から花へと移り、とまって蜜を吸っているところや、花粉を集めているところをよく目にします。前にもいくつか述べましたが、植物は花を訪れる昆虫に蜜や花粉などの報酬を与えて、うまく花粉を運んでもらっています（虫媒（ちゅうばい））。そのために、植物は花の存在を昆虫にアピールするようになり、植物によっては特定の昆虫に花粉を運んでもらうように進化したものもあります。例えばシソ科の花のように足場のある花にはハナバチ類が来て、花粉を運んでもらっています。

　一方、ハチがとまることのできない花もあります。例えば、ツツジの花です。ツツジの花はチョウに花粉を運んでもらうための形をしています。ツツジの花は先が5つに分かれて開いているので、ハチなどにとって足場となる花弁がありません。チョウはうまくバランスをとりながら、雄ずい・雌ずいを足場にしているとされています。その際にチョウに花粉がついて運ばれるようです。

　また、ツツジの花は赤系の色をしていて、蜜があります。道路脇に

植えられているツツジの花を摘んで、花の基部の筒から蜜を吸った経験がある人もいるのではないでしょうか。ツツジの花を正面から見ると、蜜のありかを示す濃い赤い点模様のガイドマークがあります。蜜は、上側の花冠にある細い管の奥にあり、ガイドマーク付近に管の入り口があります。その蜜を吸えるのは長いストローのような口を持ったチョウだけとされています。ちなみに、このツツジの赤い花に寄ってくるチョウはアゲハチョウの仲間が多いようです（**図106**）。このような虫媒をおこなう花を「虫媒花」といいます。

図106. ヒラドツツジの花に訪れたジャコウアゲハ（撮影：中村圭司氏）

チョウ以外にも足場が無くても蜜を吸える昆虫がいます。それは長い口を持ったスズメガの仲間です（**図107**）。スズメガは空中で静止飛行できるので、足場が無くても蜜を吸うことができます。このスズメガの仲間にうまく花粉を運んでもらうためには、スズメガの長い口

でも奥まで差し込まないと蜜までたどりつけない距や筒を持ち、蜜を吸うときに必ずうまく雄ずい・雌ずいに体が触れて花粉がつくような仕組みが必要です。また、スズメガの仲間には夕方から夜に活動するものもいます。夕方から夜に花を咲かせることによって、夜に活動するスズメガの仲間に花粉を運んでもらう植物もあります。

図107. サルビアにとまったスズメガ科ホウジャク類（撮影：中村圭司氏）

例えば、道端などに咲いているカラスウリ（ウリ科）は夕方から花を咲かせて、夜に活動するスズメガの仲間に花粉を運んでもらうとされています。カラスウリの花は、大型で白く、花の先端は細い糸状に裂けていて目立ちます（図108）。蜜は、やはり筒の奥にあり、スズメガは長い口を奥まで差し込んで蜜を吸い、そのときに筒の入り口にある雄ずい・雌ずいに体が触れて花粉を運ぶようです。

図 108. キカラスウリの花

　このように夜に活動する昆虫に花粉を運んでもらう植物は、暗闇でも昆虫が訪れるように、夜でも目立つ白色や淡いピンク色などの色の花を持ち、花の存在をアピールしています。なかには夜に香りを放っているものもあります。

　しかし、実際には、ツツジの花のように足場となる花冠がなくてもハナバチ類も多く訪れます。ハナバチ類は直接雄ずいや雌ずいに脚をかけて、花粉を食べていることがあります。

　ハチやチョウ以外にも花粉を運ぶ昆虫がいます。それはハムシやハナムグリなどの甲虫です。ハナムグリは名前のとおり花に潜り、花粉や蜜を餌としています（**図 109**）。甲虫に花粉を運んでもらう花は、においを放っているものや、蜜や花粉が露出している花が多いです。また、甲虫は飛行がそれほどうまくないので、モクレン科のように大

型で上向きに咲く花や、小さな花が多数集まったセリのように、とまりやすい花に多く訪れるようです。甲虫の他にも珍しいものとして、ランの花粉をコオロギが運ぶ例が知られています。

図109. ヒメジョオンの花に訪れたハナムグリ類（撮影：中村圭司氏）

植物のなかには、熱を使って、昆虫に花粉を運んでもらうものもあります。早春に黄色の花を咲かせるフクジュソウ（キンポウゲ科）は、太陽の光を使って花の中を暖めます（**図110**）。花には蜜がありませんが、花粉を食べにハナアブの仲間が来ます。花の中でハナアブが花粉をなめているとき、アブの体温も温められます。そうすると、アブは活動が活発になり、体についた花粉を遠くに運べるようになるそうです。

図 110. フクジュソウ

　これまで、蜜や花粉を報酬に与えて、花粉をうまく運んでもらう花について述べてきましたが、実際にはうまくいかないこともあり、植物にとって嬉しくない昆虫もいるのです。それは、蜜だけを盗みに来る昆虫です。いわゆる蜜泥棒がいるわけです。

　ツリフネソウの花には蜜のある距があり、その蜜を吸いに正面から花に来るマルハナバチの仲間は嬉しい相手ですが、花の中に潜り込まずに、外側から距に穴をあけて蜜を盗むものがいます。それは、クマバチや大型のオオマルハナバチの仲間です。一度、距に穴があけられると、小型のハナバチやガの仲間もその穴を利用して蜜を吸うので、花にとっては花粉が媒介できずに、タダで蜜を取られてしまいます。

　花は、昆虫たちにうまく花粉を運んでもらうために、花の形や機能を変えてきたので、蜜泥棒はとても厄介な相手です。ときには花の思

惑とはうらはらに、花の大きさにつり合っていない昆虫や、花粉を運んでほしい相手以外のものが訪れることもあります。

● 花と動物

　夏の夜に花を咲かせる有名な植物としてゲッカビジン（サボテン科）があります。ゲッカビジンは、純白色のとても大きな花を持ち、強い香りがあります。このゲッカビジンは本来、中米原産の植物で、一晩しか花を咲かせないことから、幻想的な植物として人気がある園芸植物です。「月下美人」という漢字を当てます。

　夜にこの大型の花を訪れるのは、昆虫ではなくてコウモリです。白くて目立つ花とにおいに誘われて、コウモリが蜜を吸いに訪れ、そのときに花粉が運ばれるとされています（コウモリ媒）。このようにコウモリなどの動物によって花粉が媒介され、受粉する花を「動物媒花（どうぶつばいか）」といい、コウモリ媒をおこなう花を「コウモリ媒花」といいます。ちなみに「虫媒花」も動物媒花の1つです。

　コウモリの他にも花に蜜を吸いに来る動物がいます。それは鳥です（鳥媒（ちょうばい））。例えば、ハチドリが空中でホバーリングしながら、長いくちばしで花から蜜を吸っている姿を、テレビや本で見たことがある人もいるかと思います。ハチドリの仲間にうまく花粉を運んでもらうためには、スズメガと同様に、長いくちばしでも奥まで差し込まないと、蜜までたどりつけない距や筒を持ち、蜜を吸うときに必ずうまく雄ずい・雌ずいに体が触れて、花粉がつくような仕組みを持った花などが必要です。とても長いくちばしを持つハチドリしか蜜が吸えない花もあり、お互いに関係し合いながら進化した植物もあります。

　空中で静止飛行せずに、枝にとまって蜜を吸う鳥も多いです。例えば、メジロやヒヨドリは、ツバキやサザンカの蜜を吸いに来ますが、

花には直接とまらず枝にとまって、花から蜜を吸っています。そのとき、くちばしに黄色の花粉がついて、花粉が運ばれるそうです。

　鳥によって花粉が運ばれる花を持つ植物は、鳥がつついても落ちないように丈夫な花冠を持っており、また、蜜や花粉が多量にあるものが多いです。鳥が飛ぶためにはエネルギーが必要なので、鳥に魅力を感じてもらうために、餌になる蜜を多量に用意していると考えられます。

　このように鳥媒をおこなう花を「鳥媒花（ちょうばいか）」といいます。ちなみに、メジロやヒヨドリがよく訪れる花の色は、赤系が多いようです。

　鳥以外にも珍しい例として、カタツムリによって花粉が運ばれる植物が知られています（カタツムリ媒）。ユキノシタ科のネコノメソウ（図111）は、植物体の上をカタツムリやナメクジがはいまわっているときに、花粉がくっついて運ばれるそうです。このカタツムリ媒をおこなう花を「カタツムリ媒花」といいます。

図111. ニッコウネコノメ

● 花のにおいと昆虫

　花からにおいを出して昆虫を誘う植物には、ジャスミンのような良い香りのするものもありますが、なかには異臭といってよいほど強烈なにおいを放つ植物もあります。

　例えば、数十年に一度開花する大きな花序を持つことから、しばしば話題となるショクダイオオコンニャク（サトイモ科、**図112**）や、

大型の花を持つラフレシア（ラフレシア科）などは、肉や魚の腐ったようなにおいを出すことが知られています。ショクダイオオコンニャクやラフレシアは、腐臭を放つことによって、そのにおいに誘われてくる昆虫に花粉を運んでもらっています。このにおいに誘われてくるのは、ショクダイオオコンニャクには糞虫やシデムシ類といった死肉や糞を餌とする甲虫、ラフレシアにはハエで、これらの昆虫に花粉を運んでもらっているそうです。これらの花は特に蜜がないので、においのみで昆虫をつっているみたいです。

図112. ショクダイオオコンニャク（撮影：石綱史子氏）

同じように、においで昆虫を誘う身近で見られる植物には、マムシグサ（サトイモ科テンナンショウ属）の仲間（**図113**）やカンアオイの仲間があります。

マムシグサは雌雄異株で、雄花をつけるものと雌花をつけるものがありますが、「性転換」する植物としても有名です。花は、筒状の仏炎苞の中にある1本の軸の下部に雄花ならば雄ずいのみを、雌

図113. サトイモ科テンナンショウ属の1種

花ならば雌ずいのみをつけています。

　このマムシグサの花は、においでひきつけたキノコバエにうまく花粉を運んでもらっています。キノコバエがにおいにつられて花を訪れると、そのまま細長い筒状の仏炎苞の中に落ちてしまいます。一度落ち込むと、外に出ようとしても、仏炎苞の壁は滑って登れず、また唯一登れるところは雄ずい・雌ずいのついた中心の軸ですが、途中から軸が太くなっており、そこから先には登れないようになっています。キノコバエはマムシグサの花の中をさまようことになります。しかし、雄花だけには下のほうに小さな脱出口があり、そこから脱出できます。一方、花粉をつけて雄花から脱出したキノコバエが雌花に入ると、雌花には脱出口が無いので、脱出しようとさまよいながら雌ずいに花粉をつけ、やがてそのまま雌花の中で死んでしまいます。

　東京の多摩地区に生育しているカンアオイの一種のタマノカンアオイもキノコバエに花粉を運んでもらっているとされています。タマノカンアオイは萼だけがある花で、地表面に褐色の壺のような形で先が3枚に分かれている花をつけます。花の内側にはマス目模様があります。

　キノコバエはキノコを食べて育つことからキノコバエと呼ばれており、キノコに産卵します。タマノカンアオイの花は、このキノコバエをおびきよせるために、キノコのにおいを出しているそうです。においにつられて来たキノコバエはキノコと間違えて、内側のマス目模様に産卵するそうですが、そのときに花粉が体について花粉が運ばれるようです。このようにして報酬を与えずに、においで引きよせた昆虫たちをうまく利用して、花粉を運んでもらうように進化した植物もあります。

　ちなみに、クリの花からは独特なにおいがします。クリはブナ科の

植物ですが、ブナ科の多くは、雄花序がシッポのように長く垂れ下がって目立たない色をしているので、風媒の植物です。しかし、クリの雄花序は上向きについており、色も黄色から白色と目立ち、強いにおいも出し、また蜜も出すことから虫媒とされています。

ブナ科やヤナギ科の植物は、同じ科でも風媒花と虫媒花の両方の種類を含んでいます。例えば、ブナ科のブナやカシ（コナラ属植物）、あるいはヤナギ科のポプラなどの花は風媒の特徴を持っていますが、それに対して、ブナ科のクリやシイ（スダジイ）、あるいはヤナギ類では虫媒の特徴を持っています（図114）。

図114．ヤナギ類の花序に訪れているマルハナバチ類

● 昆虫の好きな花の色

昆虫側から見ると、いったいどのような花が好まれるのでしょうか？　もちろん蜜や花粉などの報酬がもらえる植物を好みますが、花の色にもハチやチョウの好きな色があるそうです。

野性植物の花の色は、白や黄、紫、赤、緑が多いです。ただし同じ

色を持つ花でも、形や咲く時間帯によって訪れる昆虫が異なります。

例えば、前にも述べましたが、カラスウリのように夜に咲く花にはスズメガ類が多く、セリのように小さな白い花が多数集まっている花やモクレン科のように上向きに咲く花には甲虫やハナアブ類など、ドウダンツツジのように下向きに咲く花にはハナバチ類で、このように白い花を持つ植物と昆虫の関係は、花の形によってさまざまです。

しかし、どの花の色が好きかという傾向の見られる昆虫もいるようです。モンシロチョウやベニシジミは黄色の花（**図 115**）、アゲハチョウの仲間は赤色の花、セセリチョウ（**図 116**）は紫色の花によく訪れるようです。ヤブガラシなどの緑色の花は、スズメバチやアシナガバチに好まれるみたいです（**図 117**）。その他には、チビキバナヒメハナバチは黄色の花、ヒゲナガハナバチは紫色の花をよく訪れるそうで

図 115．黄色いキク科キオン属の花を訪れたムーアウラフチベニシジミ（撮影：矢後勝也氏、ブータンにて）

図 116. 青紫色のシソ科ダンギクの花に訪れたイチモンジセセリ（撮影：中村圭司氏）

図 117. ヤブガラシの蜜を吸うセグロアシナガバチ（撮影：堂囿いくみ氏）

す。花に訪れる昆虫の種類を注意深く観察すると、新しい発見があるかもしれませんね。

　ところで、私たちが見ている花の色と、昆虫が見ている花の色は異なります。昆虫には紫外線を認識できる眼があるので、人には見えない色が見えています。例えば、菜の花は、人間には黄色の光が反射するので黄色に見えていますが、昆虫には、花の周辺部は紫外線を反射して白色に見え、中心部の蜜や花粉があるところは紫外線を吸収して濃い色に見えるそうです。つまり、花粉や蜜の場所がよくわかるように見えていると考えられています。

　このようにさまざまな形の花や花序がありますが、その形には必ず意味があるので、花や花序を観察するときは、美しさや香りだけでなく、なぜこのような形をしているのかを考えると、より楽しく観察できるかと思います。

6　花の性

　雌雄異花のように花にも性があり、それを決めるのは1つの花の中に雄ずいと雌ずいがあるかないかです。多くの植物でよく見られるものは、「両性花（りょうせいか）」といって、1つの花の中に雄ずいと雌ずいの両方がある花です。

　それに対して、1つの花の中に雄ずいか雌ずいかのどちらかがあるものを「単性花（たんせいか）」といい、雄ずいのみがある花を「雄花（おばな）」、雌ずいのみがある花を「雌花（めばな）」と呼びます。単性花が見られる植物では、ブナのように同じ株に雄花と雌花をつけるものもありますが、イチョウのように雄花だけをつける雄株、雌花だけをつける雌株と、完全に雌雄が異なる株のものもあります。なかには、同じ株に両性花のほかに雄

花または雌花、あるいは3つともつける植物もあります。

1つの花の中に雄ずいや雌ずいがあっても、機能していないものや退化してしまったものは、両性花とは呼ばずに「中性花(ちゅうせいか)」といいます。中性花のなかでも、アジサイの萼のように昆虫を誘導する役割を持つと考えられている、特に目立つ中性花を「装飾花」と呼びます。

> **豆ちしき⑥・花粉症の原因**
>
> 　花粉症を引き起こす代表的な植物は、マツやスギ、ヒノキ、シラカバ（カバノキ科）、イネ科、ブタクサ（キク科）などでしょうか**(下図)**。花粉症を引き起こす植物は60種類以上あるといわれていますが、風に花粉を乗せて飛ばす風媒花が一般的です。
>
> アカマツ　　　　スギ　　　　シラカバ
> 花粉の模式図
>
> 　では、花粉症の原因となる「花粉」とはどのようなものかというと、花粉は種子植物が種族の保存のために、最も安全にそして確実に雄性核を卵核まで送り届けるために創り出された袋のことです。その目的を達成するために、花粉は頑丈に、数多くつくられます。しかも雄性

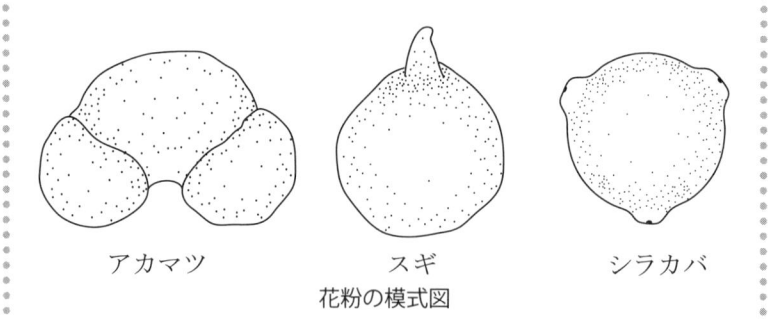

核に必要な養分まで入れた袋なので、まさに植物の創り出した傑作ともいえます。

　今まで花粉症ではなかったのに、突然、花粉症になることがあります。花粉症は、私たちの体内に無いものを異物として認識して、自己を守る生体防御システムの1つである「免疫(めんえき)」が、過剰反応して起こります。いわゆる「アレルギー」の一種です。

　花粉症でない人も花粉を大量かつ長期にわたって吸い込んでいれば、どんな植物の花粉でも花粉症になり得ると考えられています。ですので職業性の花粉症もあります。果樹の人工授粉に従事する人や栽培農家、植物学の研究者、華道家などに花粉症になる人が多いそうです。

　また、特定の種類の花粉だけで花粉症を起こすというものではなく、花粉に含まれている成分がきわめて似ているために、複数の花粉に反応して花粉症を起こすこともあります（交差反応(こうさはんのう)）。例えばスギ・ヒノキ花粉症です。

　花粉症には地域差もあるといわれています。スギの少ない北海道ではスギ花粉症の人は少ないのですが、イネ科やシラカバによる花粉症の人が多いそうです。兵庫県の六甲山周辺では、大量に植樹されたオオバヤシャブシ（カバノキ科）による花粉症の人が多いといわれています。また、アメリカではブタクサ、ヨーロッパではイネ科、北欧ではシラカバの花粉症の人が多いようです。

メモ欄

第6章

果実

第6章 果実

　私たちがふだん果物として食べているものはほとんど、植物学的にみると「果実」です。植物にとって果実は、中にある種子を保護するとともに、種子を運ぶ役割もしています。果実にはいろいろな形があるために、植物を見分ける際のポイントにもなります。

　果実はふつう子房全体が発達してできています。さらに細かく見ると、果実には子房壁に由来する「果皮（かひ）」という部分があり、その中に種子があります。果皮は外側から、「外果皮（がいかひ）」、「中果皮（ちゅうかひ）」、「内果皮（ないかひ）」と区別できる場合もありますが、はっきりと区別できないものもあります。特に、内果皮が肉質または多汁質のものを「果肉（かにく）」と呼んでいます。

　例えば、ブドウの果実は中果皮がなく、外果皮と果肉（内果皮）から構成されています。いわゆるブドウの皮が外果皮で、食用にしている液質の部分が果肉です。

　一方、カキの果実は、はっきりと区別できる3層構造です。そういわれて疑問に思うかもしれませんが、じっくりと観察してみてください。ふだん皮をむいているところが外果皮、食用にしている部分が中果皮、種子のまわりのゼリー状のところが内果皮です。

　カキのように果実の大部分が果皮からできているものを「真果（しんか）」と呼んでいます。しかし、果実でも、カキとリンゴでは食べている部分が異なります。リンゴやイチゴは、子房ではなく、花托が発達して、果実の大部分が果皮以外の付属物からできています。これを「偽果（ぎか）」と呼びます。リンゴやイチゴの真の果実（子房由来の部分）は、リン

ゴでは芯の部分、イチゴでは表面の小さなつぶつぶになります。

1　さまざまな種類の果実

　果実には、クリのように堅いものから、スイカ（ウリ科）のように水分が多く含まれているものまで、さまざまな種類があります。
　植物学的にみると、クリのように乾燥している果実を「乾果（かんか）」といいます。クリのほかに身近なものとして、インゲン（マメ科）やアサガオなどが乾果です。一方、スイカのように水分を多く含んでいる果実を「液果（えきか）」と呼びます。前述のブドウやカキ、リンゴなども液果です。
　さらに、それぞれの果実のなかで、いくつかの特徴的な果実には名前がついています。

2　いろいろな乾果

　乾果には、熟して乾燥するにつれて、特定の部分が裂けて、中から種子が飛び出すものがあります。これを「裂開果（れっかいか）」と呼んでいます。後述するクリスマスローズ（袋果（たいか））、アサガオ（蒴果（さくか））、アブラナ（角果（かくか））などが裂開果です。
　それに対して、熟しても裂けずに果実ごと種子が散布されるものを「閉果（または非裂開果）」といいます。後述するタンポポ（痩果（そうか））、クリ（堅果（けんか））、イネ（穎果（えいか））、カエデ（翼果（よくか））などが閉果（非裂開果）です。

● 袋のような裂開果

　1枚の心皮からなり、果実側面の1本の線に沿って裂けるものを

「袋果」と呼んでいます。果実と裂け目が、種子を入れた袋と口のように見えるために、この名前で呼ばれています。

ガーデニングなどに用いられるクリスマスローズ（キンポウゲ科）やシモツケ（図118）などに見られます。

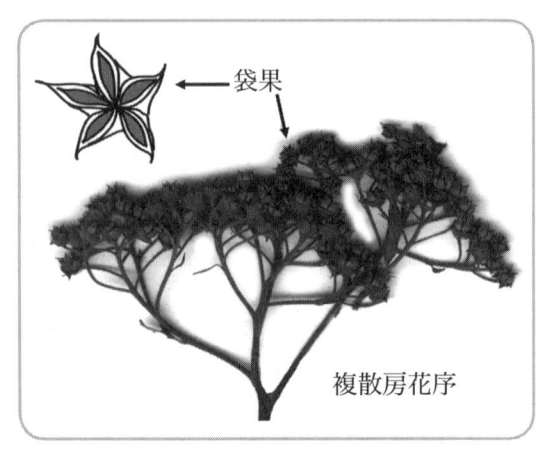

図118. 袋果―シモツケ

● **複数の心皮がくっつき合っている裂開果**

複数の心皮がくっつき合って、全体で1つの乾果をつくるものを

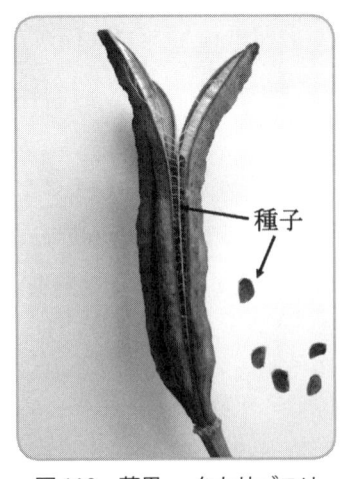

図119. 蒴果―タカサゴユリ

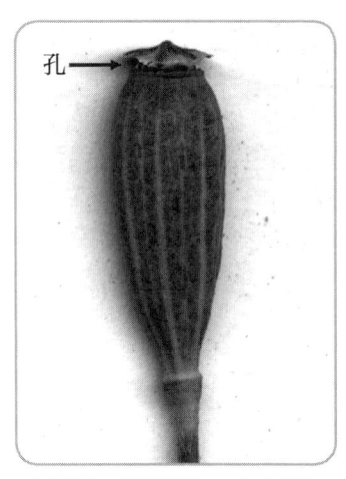

図120. 孔開蒴果―ヒナゲシ

「蒴果」と呼んでいます。ふだん食用にしているオクラ（アオイ科）も蒴果で、熟すと乾燥して、心皮が縦に裂けて種子が出ます。

　この裂け方や種子の飛ばし方にはいろいろなものがあります。例えば、アサガオは心皮の境界線に沿って縦に裂け、ユリ（ユリ科ユリ属植物）やスミレは心皮の中央から縦に裂けます（図 119）。また、ポピー（ケシ科ヒナゲシ）のように穴があいて種子が出るもの（孔開蒴果）や（図 120）、オオバコのように横に裂けて、上半分が蓋のように開くもの（蓋果）もあれば、ホウセンカ（ツリフネソウ科）のように不規則に裂けるものもあります。

● アブラナ科に特有の果実

　春の七草の1つであるぺんぺん草（ナズナ）の果実を振って音を出して遊んだことがある人も、たくさんいるかと思います。三味線のバチに似たナズナ（アブラナ科）の果実をよく見ると、真ん中に壁（隔膜）があり、それを挟んで2つの部屋に分かれていることがわかります。これは、アブラナ科に特有な果実で「角果」と呼ばれています。熟すと中央の壁を残して、縦に2片に割れて、壁についている種子が出ます。アブラナのように細長い角果を「長角果」といい、ナズナのように短いものを「短角果」と呼んでいます（図 121）。

　ちなみにアブラナ

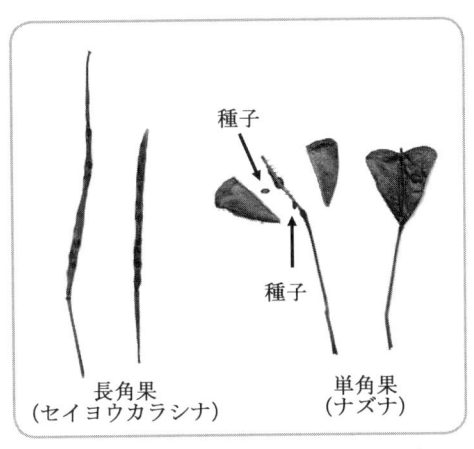

図 121. 角果 ― セイヨウカラシナとナズナ

は、種子から油をとったり、菜の花として花を食用にしたりします。

また、アブラナの栽培化されている品種は、カブやハクサイ、チンゲンサイ、コマツナ、ミズナなど、ふだん野菜として食べているものが多くあります。キャベツ、カリフラワー、ブロッコリーもすべて同じアブラナ科の植物（*Brassica oleracea* L.）の品種です。

● マメ科に特有の果実

ふだん食用にしているソラマメや枝豆（ダイズ）には、さやがあり、その中に種子が並んでいます。これは、多くのマメ科に見られる果実で、「豆果（とうか）」と呼ばれているものです（図 122）。豆果は、1 枚の心皮からなり、熟すと縦にまっ二つに裂けます。

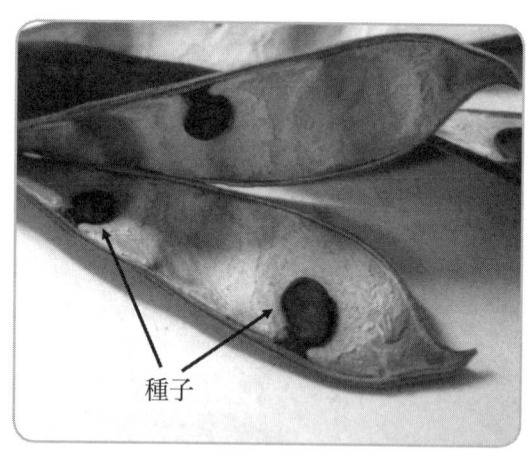

図 122．豆果 ― フジ

● 薄い果皮に覆われた乾果

タンポポの綿毛の下についているものが、「タネ」だと思っていませんか？　一見、種子のような綿毛の下のものは、じつは「痩果（そうか）」と

第6章●果実

呼ばれる果実なのです（図123）。

痩果は、1枚の心皮からなり、1個の種子が薄い果皮に覆われています。痩果は一般的に軽く、毛などの付属物を持つことがあり、熟しても果皮が割れずに、風によって散布されるものもあります。ガーデニングなどに用いられるクレマチス（キンポウゲ科センニンソウ属植物）は、長い毛のついた痩果を持っています。

図123. 下位痩果 ― セイヨウタンポポ

ただし、厳密にいうと、タンポポの痩果も含め、複数の心皮からなり、1個の種子を含むものを「下位痩果（菊果）」といいます。

● イネ科に特有の果実

イネ科の果実は、果皮と1個の種子がくっつき、「穎」と呼ばれる苞葉（いわゆるイネの「もみがら」の部分）に覆われています。これはイネ科に特有な果実で、「穎果」といいます（図

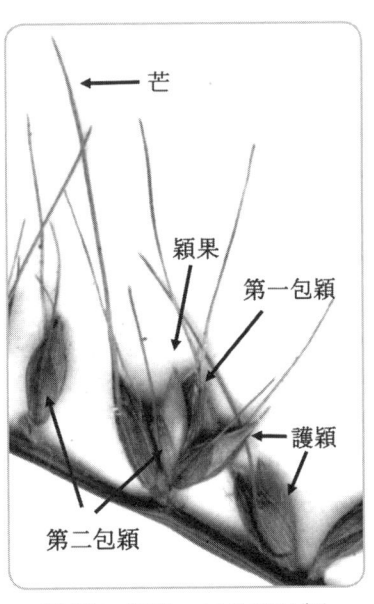

図124. 穎果 ― コチヂミザサ

124)。

ところで、イネ科の植物はイネやコムギ、トウモロコシなど、人類にとって重要な作物として栽培されてきましたが、世界にはイネ科植物はどのぐらいあると思いますか？　その数は約１万種類といわれています。これは、単子葉植物で最も種類が多い仲間です。筍（タケ）や、砂糖が取れるサトウキビ、お茶の原料にもなるハトムギ、芝生に使われるシバ、七夕で使うササ、秋の風物詩のススキ、ねこじゃらし（エノコログサ）、水辺のヨシなどなど、これらはすべてイネ科の植物です。私たちの身のまわりでもよく目にしているものばかりです。ちなみにササやタケは複数の「属」を総称した呼び名なので、植物分類学的な「種」としての名前ではありません（192ページを参照）。

● **堅い殻に覆われた乾果**

クリの実やどんぐりは、ブナ科植物の果実で、堅い殻に覆われています。この殻は、熟しても裂けない木質化した果皮で、このような果実を「堅果(けんか)」といいます（図40：61ページを参照）。

お寺などでよく見かけるハスも堅果をつけます。ハスの場合、蜂の巣状に見える部分は、肥大した花托に多数の孔があいたもので、その中に１つずつ堅果が埋まっているのです。これを「ハス状果」と呼びます（図125）。

● **翼を持つ乾果**

紅葉する植物の代表格であるイロハモミジの果実は、プロペラのような形をしています。これは、果皮の一部が大きく張り出して翼状になったもので、「翼果(よくか)」と呼ばれています（図126）。翼果は風によって遠くまで運ばれやすい構造になっています。

第 6 章 ● 果実

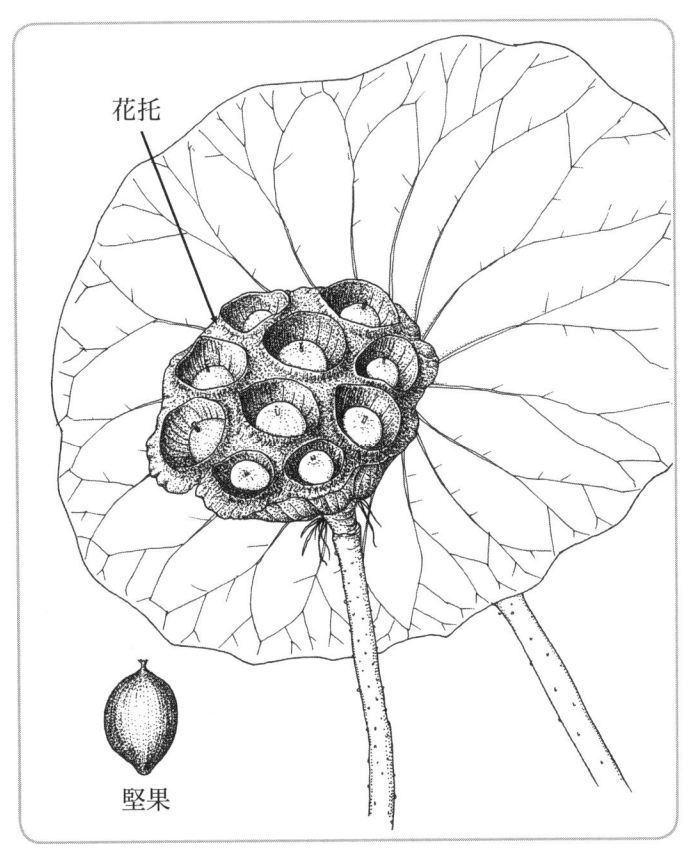

図 125. ハス状果－大賀ハス（絵：西本眞理子氏）

夏から初秋にかけて、イロハモミジは果実をつけるので、注意深く観察すると、おもしろいかもしれません。

● **分離果と節果**

1つの果実が熟すにつれて、くびれができ、いくつかの独立した部屋

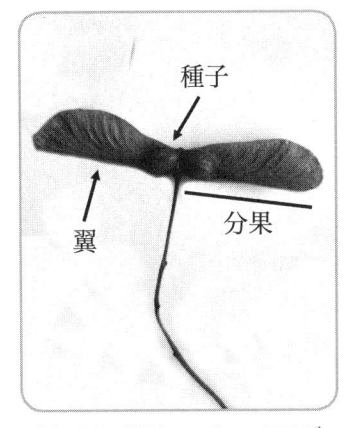

図 126. 翼果－イロハモミジ

に仕切られていくものを「分離果(ぶんりか)」といいます。この独立した1つ1つの部分を「分果(ぶんか)」と呼び、分果は裂開せず、1個の種子が含まれます。

前述のイロハモミジの果実は翼果でもありますが、2つの分果に分かれているために、分離果にも区分できます。

また、セリ科の植物は、果実が熟すと2つの分果に分かれて、それぞれの分果が柄にぶら下がります。この果実は「双懸果(そうけんか)」と呼ばれ、セリ科に特徴的なものです（図127）。

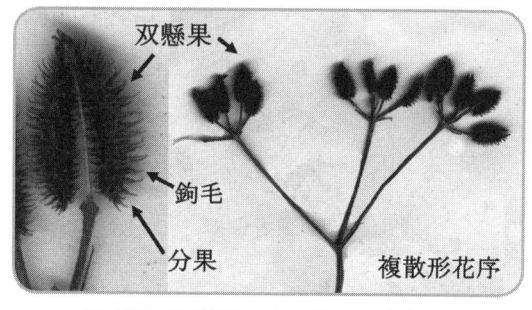

図127. 双懸果 ― セリ科オヤブジラミ

マメ科のモダマやヌスビトハギなど、さやが縦に連なったいくつかの部屋に仕切られて分果をつくるものを「節果(せっか)」といいます（図128）。ちなみにモダマは、日本では屋久島から沖縄にかけて生育しており、マメ科のなかでも特に大きな豆（種子）と、長さ1mにもなるさやを持ちます。

図128. 節果 ― ヌスビトハギ

3 いろいろな液果

　液果は、動物を引きつけるために、香りや味が良いものや、色が目立つものなどがあります。多くは、動物に食べてもらうことによって、遠くまで種子を運んでもらっています。液果にもいくつか特徴的なものには、それぞれ名前がついています。

● 中果皮も内果皮も水分が多い液果

　ブドウやトマト、ナスのように、一番外の皮（外果皮）の内側の部分（中果皮も内果皮も）が多肉質または液質のものを「漿果(しょうか)」と呼んでいます。

　キウイフルーツ（マタタビ科）やアボカド（クスノキ科）、ブルーベリー（ツツジ科スノキ属植物）など、ふだん私たちが食べている果物の多くは漿果です。東京・浅草のほおずき市で有名なホオズキの果実も漿果で、赤い袋状の萼の中に球形の漿果があります。

● ミカンの仲間に特有な液果

　ミカン（ミカン科ミカン属植物）の果実は、光沢のあるオレンジ色の厚い皮（外果皮）があって、その内側に白色の柔らかい海綿質の部分（中果皮）があり、さらにその内側に、薄い膜質の袋状の部分、いわゆる薄皮

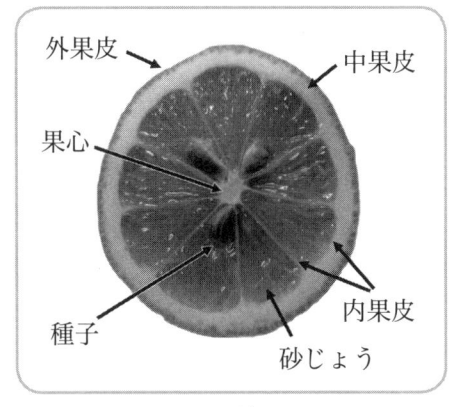

図129. ミカン状果 ―レモン

の部分(内果皮)があります。

では、あのオレンジ色のつぶつぶは何でしょうか？

ふだん食べている薄皮の内側のオレンジ色のつぶつぶは、内果皮から内側へ向かって伸びた多数の毛が発達して、液汁を含んだものです(砂じょう)。つまり、私たちが食べているのは果汁を含んだ毛だったのです。このような果実を「ミカン状果」といい、ミカンやレモン、ユズなどのミカン科の植物に特有な果実です(図129)。

● ウリ科に特有な液果

スイカやカボチャ、ヘチマ、キュウリ(キウリ)の果実は、緑色の硬い外側の皮(外果皮と花托がくっついたもの)があり、その内側に水分を多く含んだ多肉質の部分(中・内果皮)があります。さらにその中には、柔らかい海綿状の部分と多数の種子がつまっています。このようなものを「ウリ状果」といい、ウリ科の植物に特有な果実です。

ちなみにネパールに調査に行くと、よくキュウリを見かけます。現地の言葉ではキュウリをカンクローといい、長距離バスで休憩のためにとまると、「カンクロー、カンクロー」と言って、売り子がバスの中にキュウリを売りに来たりします。

● 内果皮が硬くなった液果

私たちがふだんウメ(バラ科)やサクランボ(サクラの果実)の「タネ」と呼んでいる部分は、本当の種子ではなく、内果皮が硬くなった部分です。この硬くなった内果皮を「核」といい、このような果実を「核果」と呼んでいます(図130)。

ウメやサクランボのほかに、アンズ(バラ科)やモモ(バラ科)、アーモンド(バラ科)、オリーブ(モクセイ科)、マンゴー(ウルシ

科)、ピスタチオ(ウルシ科)などが核果です(図131)。ちなみにマンゴーはウルシの仲間なので、ウルシでかぶれてしまう人が食べると口がかぶれてしまうこともあります。

ウメやサクランボの本当の種子は、核の中のいわゆる仁と呼んでいる部分です。核の中を食用としているものにはアンズ(杏仁)やアーモンドがあります。歯の丈夫な人のなかには、梅干の核を噛み砕いて、中の仁を食べる人もいますね。

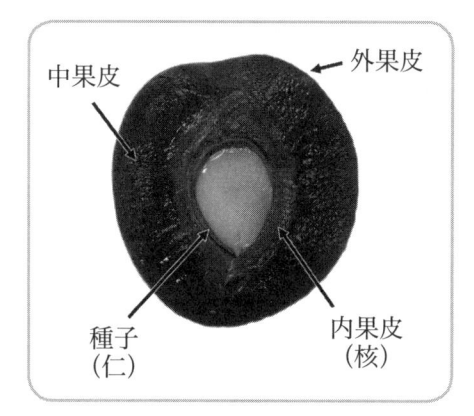

図130. 核果 ― ウメ

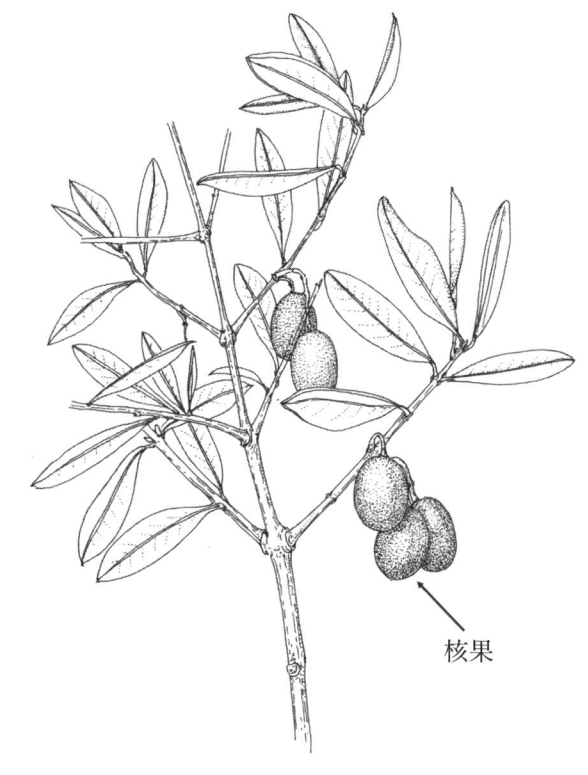

図131. オリーブ(絵:西本眞理子氏)

161

● ナシやリンゴに特徴的な果実

　ナシやリンゴの果実は、先にも述べましたが、子房を包み込んだ花托が多肉質となったものです。これを「ナシ状果」といい、偽果の１つです。私たちが食べ残す芯の部分が子房由来の真の果実なのです。ナシやリンゴのほかに、カリンやビワ（バラ科）もナシ状果です（**図 132**）。

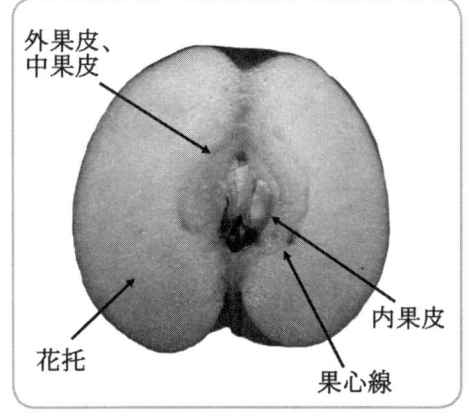

図 132. ナシ状果 ― ナシ

4 複数の子房からできている果実

　果実は、１つの花の１つの子房からできている場合（単果）と、果実全体が１つの花の複数の雌しべ（子房）からできている場合（集合果）があります。先に述べたほとんどの種類の果実は単果ですが、ハス状果は集合果の１つです。集合果の代表的なものは、キイチゴ（キイチゴ属植物）、イチゴやバラなどのバラ科植物に見られ、それぞれ名前がついています。

　また、集合果は１つの花からできていますが、複数の花の子房が集まって果実をつくる場合は「多花果（複合果）」と呼んでいます。身近なものとして、イチジク（クワ科）やパイナップル（パイナップル科）、クワ、トウモロコシが多化果（複合果）です。

第6章 ● 果実

● キイチゴの果実

ラズベリー(バラ科ヨーロッパキイチゴ)の果実をよく見ると、小さな実が多数集まっていることがわかります。この1個1個の小さな実は、子房が肥大してできた液果で、さらに液果の内果皮は硬くなっています。

つまり、ラズベリーは小さな核果(小核果)が多数集まってできた真果で、このような集合果を「キイチゴ状果(集合核果)」と呼んでいます(**図133**)。

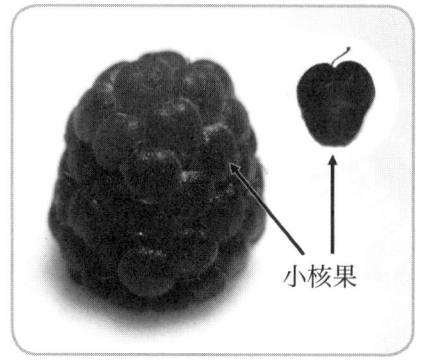

図133. キイチゴ状果 ― ヨーロッパキイチゴ

● イチゴの果実

イチゴの果実は、赤くて甘い水分の多い部分の表面に、多数の小さなゴマ粒のようなものがついています(**図134**)。赤い部分は、花托そのものが肥大して液質になったもので、表面に見られる多数の小さなゴマ粒のようなものが、子房からできた痩果です。

つまりイチゴは、子房由来ではないものが大部分を占めている偽

図134. イチゴ状果 ― オランダイチゴ

果で、多数の痩果がついている集合果です。このような集合果を「イチゴ状果」と呼んでいます。道端でよく見るヘビイチゴもイチゴ状果を持っています（図48：71ページを参照）。

● バラの果実

バラの花は美しく香りも良いため、人気がある花の1つです。美しい花を遠くから眺めるのも良いですが、近くに寄って、じっくりと観察してみてください。

詳しく見ると多数の雌ずいがあることがわかります。この多数の雌ずいは、やがて多数の痩果になります。痩果は肥大したつぼ状の花托に包み込まれます。このような集合果は「バラ状果」と呼ばれ、偽果の1つです（図135）。

図135．バラ状果―バラ

● クワの果実

クワの実は、キイチゴと同じように小さな実が多数集まっていますが、1つの花の雌ずいからではなく、多数の花が集まってできています。

また、1個1個の小さな実は、キイチゴのように子房が肥大してできたものではなく、萼が肥大して多肉質となり、その中に痩果を包んでいます。このような多花果（複合果）を「クワ状果」といい、クワのほかにはパイナップルもクワ状果です。キイチゴ状果の1個1個

の実は真果ですが、クワ状果は偽果です。

● **イチジクの果実**

　イチジクは、漢字で「無花果」と書きます。これは、一見すると、イチジクが花をつけずに、丸い実のようなものをつけるからです。

　この丸い実を縦に割ってみると、壺に似た形をしています。中には多数の小さな白色の粒のようなものがあり、この1つぶ1つぶが花で、それを包んでいる多肉質の壺状のものが花托です。イチジクの実は、多肉質に肥大した花托の中に包まれた多数の花からできています。このような多花果（複合果）は「イチジク状果」と呼ばれ、偽果の1つです。

　また、イチジクのように花序の軸が多肉化し、中央がくぼんで壺状になっている花序を「隠頭花序（イチジク状花序）」といいます。ちなみに日本で栽培されているイチジクはメスの木だけなので、種子をつけません。

メモ欄

第 7 章

種子

第7章 種子

　私たちは「種子」を一般的に「タネ」と呼んでいます。しかし、ふだんタネと呼んでいるものには、植物学的に種子のものもあれば、先に述べた果実や、果実の中の核であるものもあります。例えば、スイカやカキのタネは種子ですが、トウモロコシやヒマワリのタネは果実、モモやウメのタネは核（核果の内果皮）です。

　種子とは、胚珠が発達してできた、裸子植物と被子植物に特有な繁殖器官で、次世代の植物体のもとになるものです。種子には、新しい植物体になる部分（胚）と、胚を保護するための堅い皮（種皮）があります。また、種子の中に、新しい植物体の生育に必要な養分を貯えたもの（胚乳）がある場合（有胚乳種子）と、胚乳がない場合（無胚乳種子）があります。

　ふだん食卓で目にするイネなどの穀物、ぎんなん、マツの実などは、種子の中の養分を貯えた胚乳の部分を私たちは食べているのです。つまり、これらの植物の種子は、有胚乳種子です。

　一方、食用にしているマメやクリの種子には、胚乳がなく、胚そのものに養分が貯えられています。つまり、マメやクリの種子は、無胚乳種子です。マメやクリを食べていると、よく2つに割れることがありますが、これは食用になる部分が2枚の子葉部分になるからです。ちなみにクリの渋皮は種皮です。

　また、種皮は数層になっている場合もあります。例えば、イチョウの種子は種皮が3層に分かれています。秋にイチョウの種子、つまり、ぎんなんは地面に落ちて、悪臭を放ちます（イチョウは裸子植物なの

で、子房由来の果実を持ちません)。この悪臭を放っているところが、一番外の種皮が肥大して、白い肉質となったものです。その内側に、硬くて木質の部分、いわゆるぎんなんの殻の部分があります。これが中層の種皮です。さらに、殻の内側の膜質部分が、一番内側の種皮です。異臭や殻は、中の胚を保護するためだと考えられます。

1　種子の付属物

　植物によっては、種子を遠くに運ぶための役割をする付属物を種子につけるものもあります。

● 糖質や脂質を含んでいる付属物

　スミレが石垣や壁の隙間から生えているのをたまに目にします。なぜこのようなところに生えているのか、不思議に思いませんか？　これは、アリがスミレの種子をそこに運んだからです。

　スミレの種子には、アリの餌となる糖質や脂質を含んだ「エライオソーム」という付属物がついています。また、スミレは裂開果を持つので、種子は果実（蒴果）からはじき飛ばされて、地面に落ちます。アリはこの地面に落ちたスミレの種子を巣に持ち帰り、エライオソームのみを食べて、種子自体は食べません。やがて、その種子から新しい植物体が発芽するのです。スミレは、アリによって種子が遠くに運ばれるように、種子に付属物を持つようになったと

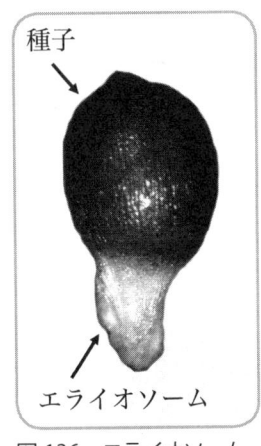

図136.　エライオソーム—スズメノヤリの種子

考えられます。スミレのほかにもカタクリやスズメノヤリ（イグサ科）などで見ることができます（図136）。

アリ以外の昆虫によって運ばれる種子もありますが、いずれにしても、糖質や脂質を含んだ付属物を持っています。

● **種子を覆う液質の付属物**

ザクロ（ミソハギ科）の実を食べるとき、赤いトウモロコシの粒のようなものを食べます。じつは、これは果実でなく、種子を覆っている付属物で、胚の柄または胚座が肥大して液質になったものです（仮種皮 ― 図137）。

ザクロのほかには、イチイ（イチイ科）の種子を覆っている赤い肉質のものも仮種皮です。イチイの仮種皮はグミのように甘いので、鳥がしばしば食べますが、種子は毒が含まれているため食べ残されます。

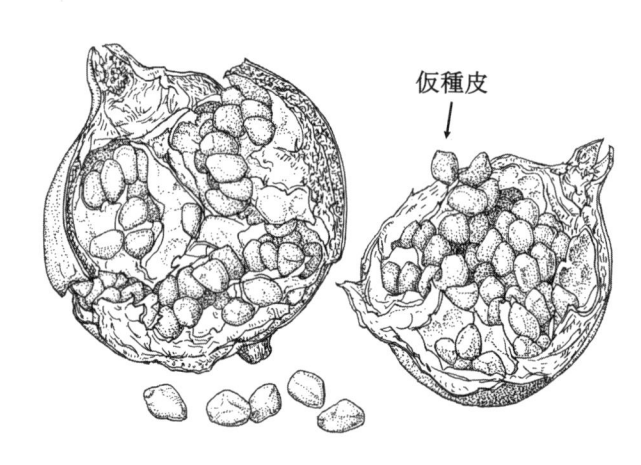

図137. 仮種皮 ― ザクロ（絵：西本眞理子氏）

● **毛の束を持つ種子**

風を利用して種子を遠くへ飛ばすために、毛の束を種子につけているものがあります（種髪 ― 図138）。例えば、道路脇に植えられているキョウチクトウは裂開果を持ちますが、それが熟して裂けると、

中から毛の束を持った種子が出てきます。

また、中国では春に、白くて長い毛を持つヤナギの種子が、風に舞う様子が見られます（柳絮(りゅうじょ)という表現をします）。私たちが衣類などに使用しているワタ（アオイ科）も、種子についている毛で、本来は種子を遠くに飛ばすためのものです。

図138. 種髪 ― イワアカバナ（アカバナ科）

● 翼を持つ種子

カエデは、風によって種子を遠くに運ぶ役割をする翼を、果実につけていますが（翼を持つ果実：156ページを参照）、植物によっては、種子自体に翼をつけているものもあります（種翼(しゅよく)）。

例えば、クロマツやアカマツの「松ぼっくり（松かさ）」にある鱗片状のものの間には、翼のついた種子を見ることができます。この種子の翼も風による散布に役立っています（図139）。

ちなみに、松ぼっくり（松かさ）のことを植物学的に「球果(きゅうか)」といいますが、マツの仲間は裸子植物なので、厳密にいうと、球果は子房由来の「果実」ではありません。

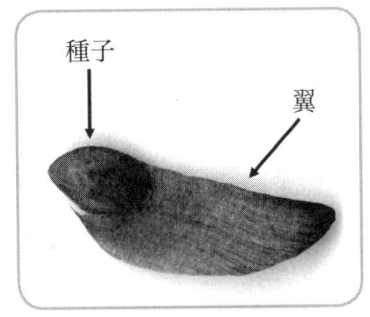

図139. 種翼 ― クロマツ

メモ欄

第 8 章

植物の戦略

第8章 植物の戦略

　植物は、動物のように自ら動いて生活することはありません。そこで子孫を広げるために、果実や種子を遠くに飛ばしたり、自分を守るために、トゲを持ったりするなどして、生きるうえで、さまざまな戦略をとっています。

1 種子散布

　種子を散布する方法には、種子そのものを散布するものや、果実ごと散布するもの、また、風や水を利用するものや、動物を利用するのもの、あるいは自ら弾けるものなど、いくつかあります。

　シンプルなものでは、果実や種子がそのまま落下するという手段をとっている植物もあります（重力散布）が、いくつかの方法を組み合わせている植物もあります。

● 風に運ばれるもの

　ススキやタンポポ、ヤナギ、ガマなど、綿毛のついた種子や果実が、宙を舞うのを見たことがある人も多いでしょう。先にもいくつか述べましたが、これ

図140. ケヤキの種子散布

らの植物は、果実や種子に毛を持つことによって、風の力を利用して種子や果実を遠くに飛ばしています（風散布）。

毛の他にも、カエデやマツなどは、果実や種子に翼をつけるものがあります。また、葉や萼片が翼の役割をしているものもあります。街路樹に植えられているケヤキ（ニレ科）は、葉が風を受けて、プロペラのような働きをして、果実をつけた枝ごと遠くに飛ばします（図140）。ツクバネウツギ（スイカズラ科）では萼片が、ボダイジュ（アオイ科）では総苞が翼の役割をします（図141）。

フウセンカズラ（ムクロジ科）は、果実が紙風船のようにふくらんでおり、種子を含んだまま風によって運ばれます（図142）。

一般的に、風に飛ばされるような種子は、種子自体が小さくて軽く、中に養分を多く貯めることができないものが多いです。そのために、早くか

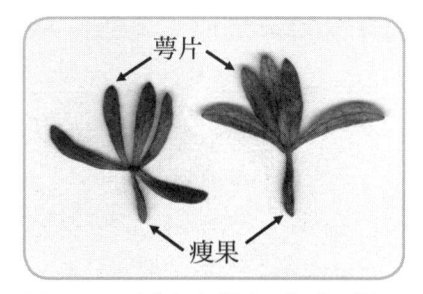

図141. ハナゾノツクバネウツギの種子散布

図142. フウセンカズラ（絵：西本眞理子氏）

ら自力で養分をつくるように、芽ばえのときから光がよく当たる明るいところに生えているものが多いです。

　ラン科の植物の種子は、毛や翼がありませんが、非常に小さくて軽い（重さは 100 分の 1 ミリグラムあるいはそれ以下）ので、埃のように風に乗って舞い上がり、飛ばされます。このように、種子に特別な付属物がなくても、極端に小さくて軽い種子は風の力を利用しています。

● 水に運ばれるもの

　南の島といわれて、どのような風景をイメージしますか？　青い海に白い砂浜、そこに落ちているヤシの実でしょうか。

　ヤシ（ヤシ科植物）の果実は、水に浮かびやすい構造をしています。そのためココヤシ（ヤシ科）などの果実は、海流に運ばれて、流れ着いた浜で芽を出します（海流散布）。

　水辺に生える植物は水を利用して、遠くに運ばれるように、果実や種子がスポンジ質になっているものがあります（水散布）。

　マメ科のモダマの種子も、さやから落ちて、海の流れに乗って遠くに運ばれます。モダマの場合は、種子の隙間の空気を利用して水に浮きます。

　水の流れだけでなく、雨粒などの水滴を利用する植物もあります（水滴散布）。ネコノメソウは果実が熟して開くと、お椀のような形になります。その中に小さな種子がたくさんあります。このお椀の中に水滴が当たると、その衝撃で中の種子が外に弾き飛ばされる仕組みになっているのです。

● 弾き飛ばされるもの

　初夏に道端で、カラスノエンドウの２つに割れた空の黒いさやを見ることがあります。カラスノエンドウの豆果は、熟すと黒くなり、やがて果皮がねじれて音を立てて裂けます。この裂けるときの勢いで、中の種子が弾き飛ばされて、まわりに飛び散ります（自発的散布）。カラスノエンドウのほかに、スミレやホウセンカ、カタバミなどでも見られます。

　スミレは、果実（蒴果）が３つに裂けますが、裂ける動きはとても遅いので、このときには飛び散りません。スミレの裂けた果実を上から見ると、３つの小船のような形のものに多くの種子がぎっしりと積み込まれているように見えます。しばらくすると、３つの小船の幅が狭くなるようにして閉じてきて、中の種子が挟み出されて飛び散ります（図143）。先にも述べましたが、スミレの場合はその種子をアリが遠くに運ぶので、自動散布と動物の両方によって種子が散布されます。

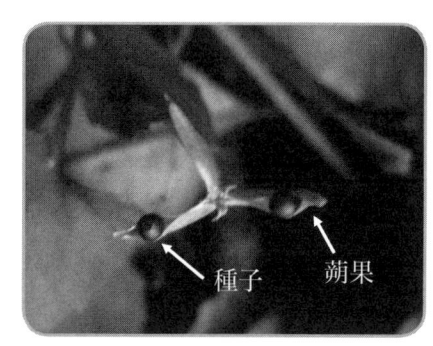

図143. タチツボスミレ類の種子散布

● 動物に付着するもの

　ひっつき虫（オナモミの実）を衣服につけて遊んだことがある人や、山歩きの際にいろいろな実が衣服についてきたという経験を持っている人もいるかと思います。これは動物の体にくっついて運ばれる果実や種子で、トゲや鉤状の突起でひっかかるものと、粘着性の液でくっつくものがあります（付着型の動物散布）。

トゲや鉤状の突起にはいろいろなものがあり、例えばオオオナモミ（キク科）は、痩果を包んでいる総苞全体にトゲトゲをまとっていますし（図144）、コセンダングサ（キク科）は、細長い痩果の先端に返しのあるトゲが3～4本あります（図145）。また、ヌスビトハギ（マメ科）は、節果の表面に細かい鉤状の毛を密生させていますし（図128：158ページを参照）、ヤブジラミ（セリ科）の果実は、刺状の毛が密生して先端が鉤状に曲がっています（図127：158ページを参照）。ちなみにヤブジラミの名前の由来は、このくっつく果実からきています。やぶに入ると、シラミのように果実が衣服にくっつくことからヤブジラミといいます。

図144. オオオナモミの実（撮影：坂本真理子氏）

果実そのものに突起があるものの他に、イノコヅチ（ヒユ科）では、果実の根元にトゲ状の小苞があり、それが動物の体にひっかかって運ばれます（図146）。

図145. コセンダングサの痩果

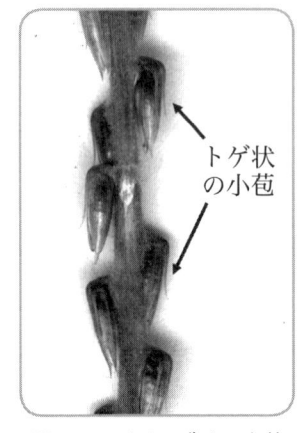

図146. イノコヅチの小苞

いずれにしても、動物の体にくっついて運ばれるように、トゲや鉤状の突起をうまく利用しています。じつは、このくっつく性質を利用したものは私たちの生活でも見ることができます。いわゆるマジックテープです。マジックテープは、オナモミの果実のトゲをヒントに発明されたものらしいのです。

　また、湿地や池に生育する水草は、水鳥にくっついたり、足にからまったりして、他の水辺に運ばれ、そこで根づくこともあります。ヒシ（ミソハギ科）の果実（いわゆる忍者が用いるマキビシ）は、鋭いトゲを持っていて、水鳥の羽毛に付着する役割をしています。湿地性のカヤツリグサ科スゲ属は、稀に水鳥の足にからまって運ばれるケースも知られています。

　粘着性の液で動物にくっつくものには、チヂミザサ（イネ科）やオオバコがあります。チヂミザサはイネ科なので、穎を持っています。この穎の先端に「芒(のぎ)」と呼ばれる突起があり（図124：155ページを参照）、チヂミザサは芒から粘液を分泌しています。オオバコは種子が水に濡れるとゼリー状の粘着液に覆われて、それが動物の足や虫などにくっついて運ばれます。オオバコは人がよく踏み込む道路脇にも生えているので、靴の裏やタイヤにくっついて運ばれます。

● **動物に食べられるもの**

　動物を利用するもののなかに、果実が哺乳類や鳥に食べられることによって運ばれるものがあります（被食型の動物散布）。私たちがフルーツとして食べる果実のほとんどは、動物に食べられて散布されるものです。

　この動物に食べられる果実の多くは、熟すと美味しくて栄養があるという特徴を持ちます。また、動物に見つけられやすいように、赤や

紫色などの目立つ色をしています。実際に、ヒヨドリなどの鳥に食べられやすい色の果実は赤やオレンジ、黒、濃い紫色をしていることがわかっています。さらに、ブドウのように房をつくるのも、鳥にとって見つけやすいといわれています。

いずれにしても、動物に食べられる果実を持つ植物の種子や核（内果皮）は、動物に消化されないように硬くなっている必要があります。ちなみに鳥は歯がないので、ふつうは果実をまる飲みします。ですので、鳥が食べられる果実の大きさには限界があり、鳥に食べられやすい果実の大きさは 4〜10 mm のサイズだそうです。

動物に食べられる果実のなかには、未熟なうちは強い渋みや毒を持つものもあります。秋に赤い果実をつけるナンテンは、果実に毒を持つことによって、鳥に大量に食べさせず、木から木に移動させて少しずつ食べさせ、種子を広範囲にまいてもらうようにしむけています。

また、種子のみに毒があるものもあります。雑草化しているヨウシュヤマゴボウ（ヤマゴボウ科）は、有毒植物であることが知られています（図 147）。ブドウのように房で実っている暗紫色の果実にも毒があるとされていますが、鳥が食べることがあるそうです。そこで、実際に果実を食べる実験がおこなわれました。種子を噛み砕かないで、果実を日に日に数を増やして食べたところ、果実はかすかな甘みと多少の不快臭があるそうですが、特に体調変化はおこらなかったそうです。次に種子を噛み砕いて同じように食べる実験をしたところ、嫌な味がして、10 個の果実の 100 個の種子を噛み砕いて食べたところで、数時間は吐き気がしたそうです。

つまり、ヨウシュヤマゴボウの種子には毒が含まれており、果実は種子を噛み砕いて食べなければ無毒だということです。しかし、食べる実験をした人は、ふつうの人より耐性を持っていたかもしれないの

で、有毒植物を食べることは大変危険です。むやみに食べることは絶対にやめましょう。最悪の場合は、毒成分で死に至ることもあるそうです。

図147. ヨウシュヤマゴボウ（絵：西本眞理子氏）

　種子散布には、果実だけでなく葉が食べられることを利用している植物もあります。シバなどのイネ科植物の葉は、シカのような草食獣に食べられます。イネ科の植物は葉を提供する代わりに、葉と一緒に稲穂（穎果、種子もまるごと）を食べさせて、遠くに運んでもらっています。種子は消化されずに排出されます。これは「イネ科の葉果実説」といい、イネ科植物の葉が、鳥が果実ごと食べて種子を運ぶときの果実と同じ役割をしているというものです。

また日本の植物では、あまり知られていませんが、アマゾン川では、魚による種子散布例が報告されています（魚類散布）。マメ科植物のさやがはじける音に反応して、魚が種子を食べに集まってくるそうです。魚類散布が確認されているのは原始的な被子植物で、古くから魚類と植物との関係があったといわれています。

● 動物の食べ残し

　リスやネズミ、あるいはカケスは、どんぐりやクルミなどの果実や種子を、食料として集めて保存する習性を持っています。貯蔵場所に運ばれた種子や果実のなかには、食べ残されたり、隠し場所を忘れられたりして、その場で発芽するものがあります。

　クルミの果実やどんぐりは、大きくて皮が硬く、栄養価が高く、大量に実ります。これらの特徴は食べ残しによる散布に適応していると考えられます。

　皮が硬いのは中身を保護しているためで、すぐに食べることができず、大量に実るのでいくつか食べられても平気と考えられます。また、栄養価が高くないと餌として認識されなくなります。大きいのは、厚い殻と重さと栄養を備えているためかもしれません。

　食べ残し散布する種子や果実のなかにも、ナンテンと同様に、渋みや苦みなどの毒性を持つものがあり、一度に大量に食べられないようになっているものもあります。

　さらに、先にも述べましたが、アリによって巣まで運ばれて果実や種子の一部を食べられて、残りを捨てられるものもあります（アリ散布）。これも食べ残し散布の1つです。スミレやスズメノヤリは種子の一部を食べられますが、果実の一部を食べられるものとしては、スゲ属の一部（カヤツリグサ科）があります。アリの種類によっては、

どの植物のほうが好きという嗜好性があるようです。

　いずれにせよ、ふだん地面から生えているものが石垣や木の隙間に生えているのを見つけたら、その植物の種子や果実に付属物がついていないか、よく観察してみてください。アリにあげて巣に運ばれる様子を観察してもおもしろいでしょう。

2　植物の防御

　植物は、動物や昆虫に体の一部を与えて、種子を運ぶのを手伝ってもらっているものがあります。しかし、エネルギーを獲得するために必要な葉や、これから成長する若い芽などを食べられてしまうと、植物にとって大きなダメージとなります。

　植物によっては、動物や昆虫から自分の体を守るために、いくつかの方法で防御をしています。防御方法には、大きく分けて物理的なものと化学的なものがあります。

● 物理的な防御

　最も一般的な物理的な防御方法は、木質化して硬くなることです。これは多くの植物、特に木本類で見られます。草本のイネ科やカヤツリグサ科植物などは、葉に「プラントオパール（ケイ酸体：ガラス質）」を持つことによって葉を硬くしています。

　しかし、動物のなかには、若くて柔らかい葉だけを食べるものや、葉の硬いところを残して食べるものもいます。ウシやシカなどは、ほとんど何でも食べてしまいます。

　そこで有効なのが、トゲや毛です。トゲは大きな哺乳類に対して特に効果を発揮します。シカやウシがいるところでは、アザミのような

鋭いトゲのあるものが、食べられずに残っています。

　トゲには、サボテンのように葉がトゲに変形したもの（葉針：55ページを参照）や、サイカチやボケのように茎や枝が変形したもの（茎針：37ページを参照）、あるいはバラ、タラノキ、サルトリイバラのように表皮などが変形したものがあります。ひとくちにトゲといってもさまざまな器官に由来しています。

　サルトリイバラのトゲは、防御だけでなく、他の植物に引っかけて上に登るという役割もあります。このサルトリイバラの名前の由来は、サルが茎のトゲに引っかかることから、「猿獲りいばら」とされています。ちなみに西日本では、カシワ餅のカシワ（ブナ科）の葉の代わりに、サルトリイバラの葉（図25：47ページを参照）が利用されています。

　また、葉の縁の鋸歯が、トゲと同じような効果を持っているものもあります。顕著なものは、庭によく植えられているヒイラギの葉で見られます。ヒイラギの葉の鋸歯は、先端がとがっています（図23：45ページを参照）。特に動物に狙われやすい下のほうの葉や、背丈の低いものでは、トゲが長く鋭くなっています。

　トゲに対して、毛は昆虫に効果を発揮します。チョウやガの幼虫である毛虫は、卵からふ化した直後は非常に小さいので顎も小さく、かみつく力も弱いです。植物の毛は、昆虫からの食いつきを防ぎ、小さな幼虫たちに対して大きな威力を発揮します。

　日当たりの良い場所でよく見かけるアカメガシワ（トウダイグサ科）の若い葉は、赤色に見えます。これは、若い葉の表面に赤色の毛（星のような形をしている毛：星状毛）が密生しているからです。この赤い毛は、若い葉を保護しています。やがて、若い葉が成長するにつれて、赤い毛は徐々に抜け落ち、地の緑色が現れて、緑色の葉になります。

　アカメガシワ以外にも、葉の表面などに密生する細かい毛を持つ被

子植物は多いです。この毛は、表皮が変形したものが多く、「トライコーム（Trichome）」と呼ばれています。トライコームは食いつきを防ぐのみならず、昆虫の脚に絡みついたり、皮膚を傷つけたりして、昆虫を弱らせる効果もあるそうです。

これらの植物は、小さいときは毛やトゲを持っていますが、大きくなると外敵に狙われにくくなるので、アカメガシワのように、それらが無く

図148. 若いカラスザンショウのトゲ

なるものが多いです。カラスザンショウ（ミカン科）は、若いうちは茎や葉にトゲが多くありますが、成長して大きくなったものには、ほとんどトゲがありません（**図148**）。同じようにヒイラギも上のほうの葉では鋸歯がそれほど発達していません。

● 化学的な防御

物理的な防御の他に、化学的な防御をしている植物もあります。いわゆる毒を持つ植物です。シカやウシがいるところで、トゲがないのに食べ残されている植物は、毒を含んでいる植物が多いです。

植物の作る毒には2種類あります。1つは高い毒性を示すもので、少量で効果があるものです（質的阻害物質）。多くのアブラナ科植物が持っている「カラシ油配糖体(いわゆるワサビやカラシの辛さ成分)」

が代表的な例です。質的阻害物質を持つものは、草本に多く見られます。特に、キンポウゲ科やケシ科の植物の多くは、有毒植物ということが知られています。その他に、身近なものでは、スズランやキョウチクトウに「強心性配糖体」という毒が含まれています。これらを口にしてしまい、中毒になったという例も知られています。

　もう1つは、毒性はほとんどありませんが、大量に摂取させることによって消化作用を著しく妨げて、昆虫などの発育を阻害し、死亡率を高めるものです（量的阻害物質）。シブ柿の渋さのもとである「タンニン」が代表的な例です。量的阻害物質を持つものの多くは木本に見られます。

　同じ植物個体でも、動物や昆虫にさらされる期間は短いけれども、新芽などの成長や繁殖に重要な部分には毒性の強い質的阻害物質を持ち、茎や成長した葉のような、動物や昆虫にさらされる期間が長くて攻撃を受けやすい部分には、量的阻害物質を持つことがあります。

　なかには同じ種類の植物でも季節によって作る毒の種類を変えているものもあります。シダ植物のワラビ（コバノイシカグマ科）は、春に質的阻害物質の「シアン化物」の含まれる量が増えますが、夏から秋にかけてはシアン化物よりも量的阻害物質のタンニンの量が増えます。これは春には目立ちやすいですが、緑が多くなってくる夏には他の植物にまぎれて、目立ちにくくなるからと考えられています。

　毒と薬は紙一重とよく言いますが、植物の毒は量を調整したり、正しい処理をしたりすれば薬になるものもあります。毒草で有名なトリカブトは、漢方薬として利用されることもあります。また、植物毒の成分は、医療品や生活品の原料となることもあります。

　例えば、蚊取り線香の原料はジョチュウギク（キク科シロバナムシヨケギク）です。ジョチュウギクは昆虫の運動神経を麻痺させる殺虫

成分を体内に貯えており、害虫となる虫を寄せつけないようにしています。蚊取り線香は、この毒の性質をうまく利用してできています。

植物のなかには、物理的防御と化学的防御の両方を持っているものもあります。例えば、イラクサは、茎や葉に毒のある「刺毛」を多く持っています（**図149**）。イラクサに触ると強い痛みを感じますが、これは刺毛が刺さり、化学物質が注入されるからです。

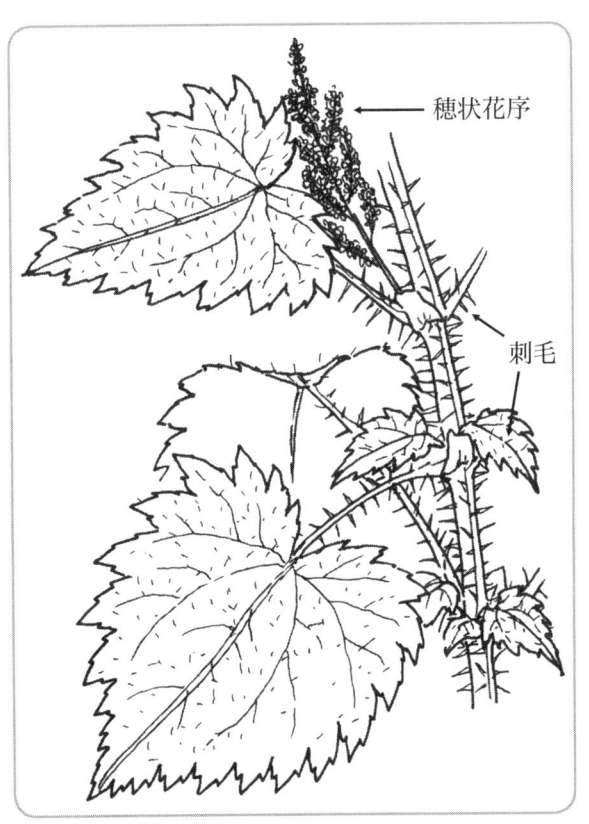

図149. 刺毛－イラクサ（絵：西本眞理子氏）

● 植物と昆虫の関係

　昆虫のなかには、植物のつくる化学物質を解毒するものや、耐性を持つものがいます。このような昆虫は、植物の毒に適応して進化してきたと考えられます。毒を持つ特定の植物しか食べないで、競争者が少ないのです。このような単食性の昆虫を「スペシャリスト」といいます。スペシャリストは、植物の毒のにおいなどの特別な「ケミカルマーカー」を手がかりに植物を探して食べています。

　スペシャリストのなかには、植物の毒を自分の体に貯め込んで、鳥などの敵から身を守っているものもいます。例えば、アサギマダラというチョウの幼虫は、強心性配糖体を持つガガイモ（キョウチクトウ科）の仲間の植物を食べて、自分の体内に有毒物質を蓄積します。チョウも鳥などに有毒だと知られないと食べられてしまいます。そこで、自分が美味しくないこと、毒があるということを捕食者に知ってもらうために、体を毒々しい色、例えば黒地に赤や黄色などにして、目立つ特徴（警戒色）を持つようにしています。

　スペシャリストに対して、広く何の植物でも食べる広食性の昆虫は、「ジェネラリスト」といい、さまざまな化学物質に対処できる酵素をたくさん持っています。ジェネラリストは、餌となる植物を探しやすいですが、競争者が多いです。

　植物が苦労して毒をつくったのに、スペシャリストが現れると、ひどく食害されてしまいます。植物は、何のために、コストをかけて毒をつくったのかと思うかもしれません。植物は「食べられたくない」、「追い払いたい」、「そうだ、食害している虫の天敵を呼べばよいのだ」と考えるかもしれません。実際に、そのような戦略を取っている植物も見られます。食害している昆虫の天敵を呼ぶ方法は、においで呼ぶ

ものや報酬を与えるものがあります。

　キャベツ畑にモンシロチョウが飛んでいるのを見ると思います。キャベツはカラシ油配糖体を含んでいて、モンシロチョウは、キャベツのカラシ油配糖体のにおいを手がかりにして、キャベツを見つけるとされています。モンシロチョウはキャベツに卵を産み、幼虫のアオムシがキャベツを食べます。キャベツはアオムシにひどく葉を食べられてしまいます。キャベツはアオムシを退治してくれる天敵が来てくれると、とても助かります。アオムシの天敵はコマユバチという寄生バチです。そこで、キャベツはコマユバチをにおいで呼んでいるらしいのです。アオムシがキャベツをかじると、葉の汁が出ます。この葉の汁とアオムシの唾液とで化学反応が起こり、「高級脂肪酸」が合成されます。この脂肪酸のにおいを手がかりに、コマユバチが来て、アオムシを捕食するのです。

● アリのパトロール

　ミツバチが植物の花の蜜につられて来ることがありますが、花以外にも蜜を出す部分を持つ植物があります（花外蜜腺）。

　例えば、サクラは、葉柄の上や葉身の基部に蜜腺がついています（図22：44ページを参照）。この葉の蜜腺から出る蜜には、アリが集まってきます。葉の蜜に集まったアリたちは、ついでに葉についたガなどの卵や幼虫を餌として巣に持ち帰ります。このようにして、葉に蜜腺を持つ植物は、葉を食べる毛虫などからアリに身を守ってもらう戦略をとっています。身を守ってもらう代わりに、植物はアリに甘い報酬を与えていると考えられています。

　アカメガシワの葉にも蜜腺があります（図150）。先にも述べましたが、アカメガシワは、身を守るための赤い毛を持ちますが、さらに

アリも利用して防御しています。つまり、アカメガシワは毛とアリの両方で身を守っているのです。

図 150. アカメガシワの蜜腺に来たアミメアリ（撮影：中村圭司氏）

第 9 章

植物の分類と名前

第9章 植物の分類と名前

　生物は、古くギリシア時代から、動物と植物の2つに分けられてきました。現在はさまざまな説がありますが、一般的には大きく5つに分けられています。これは「5界説」と呼ばれ、細菌が含まれる「モネラ界（原核生物界）」、ゾウリムシが含まれる「原生生物界」、キノコが含まれる「菌界」、そして「植物界」と「動物界」です。

　植物界に含まれる植物とは、いったいどのようなものなのかというと、一般的に「光合成をして、自らの体を構成する有機物を合成して生活（独立栄養）を営む生物」といわれています。ですので植物界には、これまでに取り上げてきた被子植物をはじめ、マツやイチョウなどの裸子植物、シダ植物、コケ植物などの主に陸上で生活する植物のほかに、水中生活をするコンブ（コンブ科植物）やアサクサノリ（ウシケノリ科）などの藻類が含まれています。

　さて、植物界といったように、すべての植物を「界」という大きなまとまりで認識しましたが、分類学ではさらに細かく「分類階級」が設けられています。それは、「種(species)」を基本的なまとまりとして、その上のまとまりを「属(genus)」、さらにその上を「科(family)」、「目(order)」、「綱(class)」、「門(division)」、そして「界(kingdom)」というものです（表1）。植物ではさらに、「種」と「属」の間に「節(section)」、「属」と「科」の間に「連(tribe)」あるいは「種」より下に「亜種(subspecies)」、「変種(variety)」、「品種(forma)」を設けることもあります。

表 1. 分類階級の例

分類階級	イネの例
界（kingdom）	植物界（Plantae）
門（division）	被子植物門（Magnoliophyta）
綱（class）	単子葉植物綱（Liliopsida）
目（order）	イネ目（Poales）
科（family）	イネ科（Poaceae）
属（genus）	イネ属（*Oryza*）
種（species）	イネ（*Oryza sativa* L.）

　生物は、同じ形や特徴を持つことによって、それぞれのまとまりに分類されます。近年は、DNA レベルでの特徴も取り入れられて分類されています。

　そして、それぞれの植物には名前がついています。私たちがふだん呼んでいる植物の名前は、イネ科やバラ科、イネ属やバラ属、イネやノイバラというように「種」あるい「属」、「科」のレベルで呼んでいることが多いです。また、サクラやクルミ、キイチゴ、カエデ、タンポポ、ヤナギなど、それぞれの植物の属名を総称して呼んでいることもあります。私たちは「標準和名」で呼んでいますが、これは日本人にしか通用しない植物名で、世界共通で通用する植物名があります。それが「学名」です。

　学名は国際的な規則（植物では国際植物命名規約、動物ならば国際動物命名規約）に基づいてつけられる生物学上の名前で、主にラテン語、あるいはラテン語化されたギリシア語で表されます。国際植物命名規約は 18 世紀のスウェーデンの博物学者リンネ（Carl von Linné）の 1753 年の著書『Species Plantarum』を、国際動物命名規約は 1758 年の著書『Systema Naturae』をそれぞれ出発点として

います。ちなみに国際植物命名規約は、6年に一度開催される、植物の命名に関する国際会議で改訂されます。日本では、1993年に第15回目が横浜でおこなわれました。

　植物の「種」の学名は、「二名法」という、リンネが考案した「属」と「種」を表す2つの部分からできています。例えばイネは「*Oryza sativa* L.」と表し、「*Oryza*」は「属名」、「*sativa*」は「種」を表す「種小名」になります。つまり、「属名＋種小名」の両方がそろって正式な種名となります。ちなみに「*Oryza*」は「イネ」、「*sativa*」は「栽培・耕作された」の意味で、それぞれ学名には植物の特徴などを表した意味を持つ語句がつけられます。

　また、学名の後に「命名者」の名前をつける場合もあります。命名者は慣習的に決まった省略形で表すことが多く、例えば、「L.」はリンネ、スイスの植物学者ド・カンドル（Augustin Pyrame de Candolle）は「DC.」と表記されます。学名は、他の文章と区別するために、文章中では属名と種小名のみを斜体あるいは下線で表示することが多くあります。

　また、別種にするほど形の違いがないときに、「種」より下の分類階級を用いる場合があります。そのときにも学名の表記にはルールがあります。例えば、「亜種」を表す名の前に「subsp. あるいは ssp.」の略号を、「変種」を表す名の前に「var.」、「品種」を表す名の前に「f. あるいは forma」と表記します（**表2**）。自然交雑種（雑種）の場合には、属と種小名の間に「x」をつけます。さらに、園芸・栽培品種の場合は、種小名の後に園芸・栽培品種名を一重の引用符「' '」に入れて、斜体にしないで表記します。また、園芸・栽培品種名は、ラテン語表記にせず、命名者もつけません。植物学的には「品種（forma）」と園芸・栽培品種は全く概念が異なるもので、園芸・栽培品種の名前は「国際

表2. 種より下の分類階級の例と雑種、栽培・園芸品種について

分類階級	学名の表記例
亜種（subspecies）	ニンジン（セリ科）
	Daucus carota L. subsp. *sativus* (Hoffm.) Arcang.
変種（variety）	アンズ（バラ科）
	Armeniaca vulgaris Lam. var. *ansu* (Maxim.) T.T.Yü et L.T.Lu
品種（forma）	エドヒガン（バラ科）
	Cerasus spachiana Lavalée ex H.Otto var. *spachiana* f. *ascendens* (Makino) H.Ohba
雑種	ソメイヨシノ（バラ科）
	Cerasus x *yedoensis* (Matsum.) A.V.Vassil.
園芸品種	バラ科サトザクラの園芸品種：関山
	Cerasus serrulata 'Kanzan'

栽培植物命名規約」に基づいてつけられます。

　さて、ここまで分類や学名について述べてきましたが、この学名はいったいどのようにしてつけるのかなと思いませんか。

　例えば、未知の植物が見つかったとします。その植物には学名をつけて発表します。まず、過去にその植物が知られておらず、名前がつけられていないことを調べる必要があります。そして、名前がないときには学名をつけて、知名度のある学術雑誌に新種として論文発表します。そのときに、先ほどの学名のルールに従って学名をつけるとともに、その植物の形の特徴や近縁な種との区別点をラテン語で書いた記載文、または判別文（2012年1月1日から、ラテン語ではなく英語による記載または判別文でもよいことになりました）や、植物の写真や図をともなう必要があります。また、学名をつけた植物の基準と

なる唯一の標本を定めて、国際的に利用可能な公的な植物標本庫(ハーバリウム)に永久的に保管する必要があります。どこのハーバリウムに収めたかも示します（つまり必ず証拠を残す必要があります）。ちなみに唯一の基準となる標本を「タイプ標本」といいます。そのほかにも新種の発表にはさまざまな細かいルールがありますが、それらのルールに従って正式に発表されたならば、晴れて未知の植物は新種として公表されたことになります。

参考文献

- 池田 博，能城修一編（2010）ヒマラヤ・ホットスポット―東京大学ヒマラヤ植物調査 50 周年，東京大学総合研究博物館，東京.
- 岩槻邦夫ほか監修（1994 〜 1997）週刊朝日百科　植物の世界（全 145 巻），朝日新聞社，東京.
- 大場秀章編著（2009）植物分類表，アボック社，鎌倉.
- 大場秀章（2001）花の男シーボルト，文藝春秋，東京.
- 大場秀章（2005）植物学の楽しみ，八坂書房，東京.
- 岡田 博，植田邦彦，角野康郎編著（1994）植物の自然史―多様性の進化学，北海道大学図書刊行会，札幌.
- 金井弘夫，大場秀章編（2008）金井弘夫著作集　植物・探検・書評，アボック社，鎌倉.
- 川那部浩哉監修，大串隆之編（1992）さまざまな共生―生物種間の多様な相互作用，平凡社，東京.
- 木原 浩，大場秀章，川崎哲也，田中秀明（2007）新日本の桜，山と渓谷社，東京.
- 清水晶子，大場秀章監修（2004）絵でわかる植物の世界，講談社，東京.
- 清水建美（2001）図説　植物用語辞典，八坂書房，東京.
- 鈴木正彦，農林水産省農林水産技術会議事務局監修，樋口春三編（2004）植物はなぜ花を咲かすのか―花の科学（自然の中の人間シリーズ―花と人間編 2），農山漁村文化協会，東京.
- 原襄，福田泰二，西野栄正（1986）植物観察入門―花・茎・葉・根―，培風館，東京.
- 星川清親，千原光雄（1976）食用植物図説―日本・世界の 700 種―，女子栄養大学出版部，東京.
- 高槻成紀（2006）シカの生態誌，東京大学出版会，東京.
- 多田多恵子（2010）身近な草木の実とタネハンドブック，文一総合出版，東京.
- 田中肇（2001）花と昆虫、不思議なだましあい発見記，講談社，東京.
- 田中 學（2007）植物の学名を読み解く―リンネの「二名法」―，朝日新聞社，東京.
- 勅使河原 宏，大場秀章監修（1999）現代いけばな花材事典，草月出版，東京.
- 中西弘樹（1994）種子はひろがる―種子散布の生態学，平凡社，東京.
- 鷲谷いづみ，大串隆之編（1993）動物と植物の利用しあう関係，平凡社，東京.

197

事項索引

ア行

アオムシ ― 189
アゲハチョウ ― 133,143
亜高木 ― 15
アサギマダラ ― 188
アシナガバチ ― 143
亜種（subspecies）― 192
アリ ― 92,169,177,182,189
アリ散布 ― 182
アレルギー ― 147
異花被花 ― 71
維管束 ― 84,90
異形複合花序 ― 123,125
異形雄ずい ― 79
異形葉 ― 58
イチゴ状果 ― 163
イチジク状果 ― 165
イチジク状花序 ― 165
一年生草本 ― 14
イチモンジセセリ ― 144
イネ科の葉果実説 ― 181
隠頭花序 ― 165
陰葉 ― 59
ウシ ― 183,185
羽状複葉 ― 51
羽状脈 ― 52
羽片 ― 52

ウリ状果 ― 160
穎 ― 155,179
穎果 ― 155,181
栄養器官 ― 16
栄養繁殖 ― 33
液果 ― 151,159
腋芽 ― 16,42,47,117
エライオソーム ― 169
エングラー ― 75
園芸・栽培品種 ― 194
園芸植物 ― 101,138
円錐花序 ― 126
沿着葯 ― 78
縁辺胎座 ― 86
横走根茎 ― 34
オオマルハナバチ ― 137
雄しべ ― 66,75,77
雄花 ― 128,145
温室植物 ― 62

カ行

科（family）― 192
ガ ― 137,184
界（kingdom）― 192
蓋果 ― 153
外果皮 ― 150
カイコ ― 129
塊根 ― 21

塊茎 ― 41
下位瘦果 ― 155
ガイドマーク ― 94,109,133
海浜植物 ― 15
海流散布 ― 176
花外蜜腺 ― 189
化学的防御 ― 185
下萼片 ― 100
花冠 ― 66,71,75,91
花冠上生 ― 80
核 ― 160,168
萼 ― 66,69,146,164
萼上生 ― 80
萼筒 ― 69,85,91
萼片 ― 67,69
角果 ― 153
核果 ― 160
殻斗 ― 62
隔壁 ― 84
隔膜 ― 153
学名 ― 193
カケス ― 182
花喉 ― 108
花糸 ― 77
花軸 ― 67
果実 ― 16,66,82,150
仮種皮 ― 170
花序 ― 117

事項索引

花序軸 ——117	気根 ——25	巻散花序 ——120
花床 ——67	奇数羽状複葉 ——51	懸垂胎座 ——87
下唇 ——108	寄生根 ——27	原生生物界 ——192
風散布 ——175	寄生植物 ——26	綱（class）——192
花托 ——67	基底胎座 ——87	孔開蒴果 ——153
カタツムリ ——139	キノコバエ ——141	合萼 ——67
かたつむり形花序 ——121	旗弁 ——94	高級脂肪酸 ——189
カタツムリ媒 ——139	球果 ——171	交差反応 ——147
カタツムリ媒花 ——139	球茎 ——40	高山植物 ——15
花柱 ——83	吸水根 ——25	向軸面 ——45
果肉 ——150	吸盤 ——36	合成心皮 ——84
花被 ——71	距 ——97	合体雄ずい ——80
果皮 ——150	偽葉 ——57	高杯形花冠 ——102
花被上生 ——80	強心性配糖体 ——186, 188	合弁 ——67
花被片 ——71	強風型 ——129	合弁花類 ——75
かぶと状花冠 ——99	鋸歯 ——45, 184	高木 ——15
花粉 ——75, 77, 82, 128, 146	魚類散布 ——182	コウモリ ——138
花粉塊 ——115	菌界 ——192	コウモリ媒 ——138
花弁 ——61, 67, 75	偶数羽状複葉 ——51	コウモリ媒花 ——138
花葉 ——67, 69, 87	茎巻きひげ ——36	広葉樹 ——14
カラシ油配糖体 ——185, 189	茎を抱く ——49	コオロギ ——136
仮雄しべ ——81	屈曲膝根 ——22	5界説 ——192
芽鱗 ——58	クマバチ ——137	5強雄ずい ——79
乾果 ——151	車形花冠 ——104	呼吸根 ——22
冠毛 ——71	クワ状果 ——164	国際栽培植物命名規約 ——194
キイチゴ状果 ——163	警戒色 ——188	国際植物命名規約 ——193
偽果 ——150	茎針 ——38, 184	国際動物命名規約 ——193
偽花 ——119	形成層 ——90	互生 ——53
菊果 ——155	ケミカルマーカー ——188	5数性 ——89
偽茎 ——47	堅果 ——68, 156	5体雄ずい ——80
	原核生物界 ——192	

199

コマユバチ ——— 189	支柱根 ——— 24	種子 ——— 16,20,66,84, 150,168,174
五輪生 ——— 55	室 ——— 83	
根茎 ——— 32	質的阻害物質 ——— 185	種小名 ——— 194
根茎植物 ——— 32	シデムシ類 ——— 140	樹脂道 ——— 64
根被 ——— 25	自発的散布 ——— 177	種髪 ——— 170
根粒 ——— 27	師部 ——— 90	種皮 ——— 168
サ行	子房 ——— 82,150,162	主脈 ——— 52
	子房下位 ——— 85	種翼 ——— 171
蒴果 ——— 153	子房周位 ——— 85	子葉 ——— 16
砂じょう ——— 160	子房上位 ——— 85	漿果 ——— 159
さそり形花序 ——— 121	子房中位 ——— 85	小核果 ——— 163
雑種 ——— 64,194	子房壁 ——— 84,150	鐘形花冠 ——— 107
左右相称花 ——— 88	シーボルト ——— 74	掌状複葉 ——— 50
三回羽状複葉 ——— 52	刺毛 ——— 187	掌状脈 ——— 52
散形花序 ——— 119	ジャコウアゲハ ——— 133	小穂 ——— 119
散形総状花序 ——— 125	種(species) ——— 192	小舌 ——— 48
三出複葉 ——— 50	雌雄異花 ——— 128,145	上弁 ——— 96
3数性 ——— 89	雌雄異株 ——— 128	小苞 ——— 62
散房花序 ——— 118	雌雄異熟 ——— 128	小葉 ——— 50
三輪生 ——— 55	集合果 ——— 162	鞘葉 ——— 48
シアン化物 ——— 186	集合核果 ——— 163	上唇 ——— 108
ジェネラリスト ——— 188	集散花序 ——— 117	常緑樹 ——— 15
シカ ——— 181,183,185	十字形花冠 ——— 92	食虫植物 ——— 56
紫外線 ——— 63,145	十字対生 ——— 55	植物界(Plantae) ——— 192
自家受粉 ——— 128	雌雄同株 ——— 128	植物標本庫 ——— 75,196
自家不和合性 ——— 128	舟弁 ——— 94	真果 ——— 150
雌ずい ——— 66,80,82,128, 145	雌雄離熟 ——— 128	唇形花冠 ——— 108
	重力散布 ——— 174	心皮 ——— 84
雌ずい群 ——— 82	主幹 ——— 15	唇弁 ——— 96
雌ずい着生 ——— 81	宿存萼 ——— 69	針葉樹 ——— 15
自然交雑種 ——— 194	主根 ——— 20	髄 ——— 30,90

事項索引

穂状花序 — 118	走出枝 — 32	多肉根 — 22
穂状総状花序 — 125	総状花序 — 118	多年生草本 — 15
穂状頭状花序 — 125	双子葉植物 — 15,16,20, 52,90	単一雌ずい — 84
水生植物 — 15,132	装飾花 — 74,146	単果 — 162
ずい柱 — 115	総穂花序 — 117	短角果 — 153
水滴散布 — 176	総苞 — 60	単花被花 — 72
水媒 — 132	総苞片 — 60	単出集散花序 — 120
水媒花 — 132	草本 — 14	単子葉植物 — 15,16,20, 52,90
スズメガ — 115,133, 138,143	早落性 — 46,70	単子葉植物鋼 (Liliopsida) — 193
スズメバチ — 143	属（genus） — 192	単性花 — 145
ストロン — 32	側萼片 — 100	単体雄ずい — 80
スペシャリスト — 188	側根 — 20,90	タンニン — 186
スミレ形花冠 — 98	側弁 — 96	弾発型 — 129
生殖器官 — 16	側膜胎座 — 86	単面葉 — 46
星状毛 — 184	側脈 — 52	単葉 — 50
性転換 — 140	属名 — 193	地下茎 — 32
セグロアシナガバチ — 144	**タ行**	地上茎 — 31
セセリチョウ — 143	袋果 — 152	チビキバナヒメハナバチ — 143
セーター植物 — 126	胎座 — 85	中果皮 — 150
節 — 16	対生 — 55	中軸胎座 — 86
節（section） — 192	タイプ標本 — 196	中性花 — 146
節果 — 158	大輪朝顔 — 104	柱頭 — 83,128
節間 — 16,30	多花果 — 162	虫媒 — 132
舌状花冠 — 111	他家受粉 — 128	虫媒花 — 133
全縁 — 45	托葉 — 46	中肋 — 52
扇状花序 — 121	托葉針 — 47	チョウ — 101,103,114, 132,142,184,188
腺毛 — 57	托葉巻きひげ — 47	頂芽 — 16
痩果 — 154	多散集散花序 — 121	長角果 — 153
双懸果 — 158	多肉茎 — 39	

長花糸型	131
蝶形花冠	94
鳥媒	138
鳥媒花	139
直根系	20,90
直立茎	31
直立根茎	34
貯蔵根	21
壺形花冠	101
ツリアブ	97
つる植物	33
丁字着葯	78
底着葯	78
低木	15
頭花	119
豆果	154
同花受粉	82
同花被花	71
同形複合花序	122
筒状（管状）花冠	111
頭状花序	119
頭状散房花序	125
頭状穂状花序	125
動物界	192
動物媒花	138
ド・カンドル	194
独立栄養	192
特立中央胎座	86
トゲ	38,46,55,179,183
トライコーム (Trichome)	185

ナ行

トラマルハナバチ	109
鳥足状複葉	51
内果皮	150
内着葯	78
ナシ状果	162
ナデシコ型花冠	91
二回羽状複葉	51
二回奇数羽状複葉	52
二回偶数羽状複葉	52
二回三出複葉	50
2強雄ずい	79
肉穂花序	118
二出集散花序	121
2数性	89
ニッポンヒゲナガハナバチ	96
二年生草本	15
二名法	194
二列互生	54
ネズミ	182
念珠茎	41
芒	179

ハ行

胚	168
背萼片	114
胚軸	16
背軸面	45
胚珠	84,168
胚乳	168
ハエ	140
ハス状果	156
ハチ	100,107,110,116,132,142
ハチドリ	138
ハナアブ	136,143
ハナバチ	107,109,132,143
ハナムグリ	135
ハーバリウム	75,196
葉巻きひげ	36,56
ハムシ	135
バラ形花冠	93
バラ状果	164
半寄生植物	27
板根	22
ひげ根系	21,90
ヒゲナガハナバチ	143
被子植物門（Magnoliophyta）	193
被食型の動物散布	179
尾状花序	130
標準和名	193
表皮	25,184
ヒヨドリ	138,180
非裂開果	151
品種 (forma)	192
風媒	129
風媒花	79,129,146
副花冠	75
副萼	71

事項索引

複合果	162
複合花序	122
複合雌ずい	84
複散形花序	123
複散房花序	123
複集散花序	123
複穂状花序	123
複総状花序	123
複葉	50
二又脈系	53
付着型の動物散布	177
付着根	25
普通葉	44
仏炎苞	61,118,140
物理的防御	183
不定根	21
プラントオパール	183
分果	158
糞虫	140
分離果	158
分類学	192
分類階級	192
分裂葉	50
閉果	151
平行脈系	52,90
へた	104
ベニシジミ	143
弁化	94
変化朝顔	104
扁茎	38
変種 (variety)	192

苞	59
ホウジャク	134
放射相称花	87
紡錘根	21
苞葉	59
捕虫嚢	57
捕虫葉	57
匍匐茎	32
匍匐根茎	35
匍匐枝	32

マ行

巻きつき茎	31,33
巻きつき植物	33
巻きひげ羽状複葉	51
マルハナバチ	100,137,142
ミカン状果	160
水散布	176
蜜腺	70,99,189
ミツバチ	95
蜜標	94
ムーアウラフチベニシジミ	143
無花被花	72
無限花序	117
無胚乳種子	168
命名者	194
雌しべ	66,82
メジロ	138
雌花	128,145

免疫	147
面生胎座	87
網状脈系	52
目 (order)	192
木化	14
木部	90
木本	14
モネラ界	192
門 (division)	192
モンシロチョウ	143,189

ヤ行

葯	77,128
雄ずい	66,77,128,145
雄ずい群	78
有距花冠	98
有限花序	117
有毒植物	106,180,186
有胚乳種子	168
有用植物	106
ユリ形花冠	112
曜	104
葉腋	16
幼根	20
葉序	53
葉鞘	47
葉状茎	39
葉身	44
葉針	56
葉舌	48
葉柄	44,46

203

葉脈	50,52
陽葉	59
翼果	156
翼弁	94
よじのぼり茎	33
よじのぼり植物	33
4強雄ずい	79
4数性	89
四輪生	55

ラ行

落葉樹	15
ラン形花冠	115
ランナー	32
離萼	67
離生心皮	84
リス	182
離弁	67
離弁花	75
両性花	145
両体雄ずい	96
量的阻害物質	186
両面葉	46
竜骨弁	94
鱗茎	41
輪散花序	123
輪生	55
リンネ	193
鱗片葉	41
裂開果	151
裂片	103
連(tribe)	192
漏斗形花冠	103
ロータス効果	68

植物名索引

ア行

アイグロマツ・*Pinus x densithunbergii* Uyeki —— 64
アオイ科・Malvaceae —— 22,80,153,171,175
アオキ・*Aucuba japonica* Thunb. —— 15,59,89,123
アカガシワ（レッドオーク）・*Quercus rubra* L. —— 131
アカネ科・Rubiaceae —— 46,55
アカバナ科・Onagraceae —— 89,171
アカマツ・*Pinus densiflora* Siebold et Zucc. —— 64,171
アカメガシワ・*Mallotus japonicus* (L.f.) Müll.Arg. —— 184,189
アケビ・*Akebia quinata* (Houtt.) Decne. —— 50,72
アケビ科・Lardizabalaceae —— 50,87
アサ科・Cannabaceae —— 129
アサガオ・*Ipomoea nil* (L.) Roth —— 33,62,89,103,151,153
アサクサノリ・*Porphyra tenera* Kjellman —— 192
アザミ（アザミ属）・*Cirsium* Mill. —— 61,112,183
アジサイ・*Hydrangea macrophylla* (Thunb.) Ser. —— 70,74,121,146
アジサイ科・Hydrangeaceae —— 70,85
アスパラガス・*Asparagus officinalis* L. —— 112
アセビ・*Pieris japonica* (Thunb.) D.Don ex G.Don subsp. *japonica* —— 101
アッケシソウ・*Salicornia europaea* L. —— 40
アブラナ・*Brassica rapa* L. var. *oleifera* DC. —— 14,59,89,92,117,151,153
アブラナ科・Brassicaceae（Cruciferae） —— 14,21,78,92,153,185
アボカド・*Persea americana* Mill. —— 159
アマドコロ・*Polygonatum odoratum* (Mill.) Druce —— 34
アメリカアサガオ・*Ipomoea hederacea* (L.) Jacq. —— 104
アメリカネナシカズラ・*Cuscuta campestris* Yuncker —— 27

アメリカミズバショウ・Lysichiton americanum Hultén et St.John ─── 61
アメリカヤマボウシ・Benthamidia florida (L.) Spach ─── 61
アーモンド・Prunus dulcis (Mill.) D.A.Webb ─── 160
アヤメ・Iris sanguinea Hornem. ─── 46,54,62,71
アヤメ科・Iridaceae ─── 40,46,71,80,83,88
アリアケスミレ・Viola betonicifolia Sm. var. albescens (Nakai) F.Maek. et T.Hashim. ─── 97
アンズ・Armeniaca vulgaris Lam. var. ansu (Maxim.) T.T. Yü et L.T. Lu ─── 160,195
イエロービーオーキッド・Ophrys lutea Cav. ─── 116
イカリソウ・Epimedium grandiflorum C.Morren ─── 98
イグサ・Juncus decipiens (Buchenau) Nakai ─── 48
イグサ科・Juncaceae ─── 48,170
イシモチソウ・Drosera peltata Thunb. var. nipponica (Masam.) Ohwi ─── 57
イチイ・Taxus cuspidata Siebold et Zucc. ─── 170
イチイ科・Taxaceae ─── 170
イチゴ→オランダイチゴ
イチジク・Ficus carica L. ─── 162,165
イチョウ・Ginkgo biloba L. ─── 53,145,168,192
イチョウ科・Ginkgoaceae ─── 53
イヌビワ・Ficus erecta Thunb. var. erecta ─── 45
イヌリンゴ・Malus prunifolia (Willd.) Borkh. ─── 93
イネ・Oryza sativa L. ─── 47,117,131,151,155,168,193
イネ科・Poaceae (Glamineae) ─── 14,20,24,30,32,48,79,119,125,131,146,155,179,181,183,193
イネ属・Oryza L. ─── 193
イネ目・Poales ─── 193
イノコヅチ・Achyranthes bidentata Blume ─── 178
イラクサ・Urtica thunbergiana Siebold et Zucc. ─── 129,187
イラクサ科・Urticaceae ─── 129

植物名索引

- イロハモミジ・*Acer palmatum* Thunb. ——— 52,156
- イワアカバナ・*Epilobium amurense* Hausskn. subsp. *cephalostigma* (Hausskn.) C.J.Chen, Hoch et P.H.Raven ——— 171
- インゲン（インゲンマメ）・*Phaseolus vulgaris* L. ——— 151
- ウコギ科・Araliaceae ——— 25,34,45,52
- ウシケノリ科・Bangiaceae ——— 192
- ウチワサボテン・*Opuntia ficus-indica* (L.) Mill. ——— 38
- ウツボカズラ・*Nepenthes rafflesiana* Jack ex Hook. ——— 57
- ウツボカズラ科・Nepenthaceae ——— 57
- ウツボグサ・*Prunella vulgaris* L. subsp. *asiatica* (Nakai) H.Hara ——— 109
- ウド・*Aralia cordata* Thunb. ——— 126
- ウマノスズクサ・*Aristolochia debilis* Siebold et Zucc. ——— 70
- ウマノスズクサ科・Aristolochiaceae ——— 70,80,86,88
- ウミショウブ・*Enhalus acoroides* (L.f.) Rich. ex Steud. ——— 132
- ウメ・*Armeniaca mume* (Siebold et Zucc.) de Vriese ——— 160,168
- ウリ科・Cucurbitaceae ——— 80,134,151,160
- ウルシ・*Rhus verniciflua* Stokes ——— 161
- ウルシ科・Anacardiaceae ——— 160
- エドヒガン・*Cerasus spachiana* Lavalée ex H.Otto var. *spachiana* f. *ascendens* (Makino) H.Ohba ——— 195
- エノキ・*Celtis sinensis* Pers. ——— 129
- エノコログサ・*Setaria viridis* (L.) P.Beauv. ——— 156
- オオオナモミ・*Xanthium occidentale* Bertol. ——— 178
- オオバコ・*Plantago asiatica* L. ——— 118,131,153,179
- オオバコ科・Plantaginaceae ——— 109,118
- オオバヤシャブシ・*Alnus sieboldiana* Matsum. ——— 147
- オクラ・*Abelmoschus esculentus* (L.) Moench ——— 153
- オシロイバナ・*Mirabilis jalapa* L. ——— 71
- オシロイバナ科・Nyctaginaceae ——— 71

オトギリソウ科・Hypericaceae ― 80
オナモミ・*Xanthium strumarium* L. ― 177
オニユリ・*Lilium lancifolium* Thunb. ― 112
オヒルギ・*Bruguiera gymnorhiza* (L.) Lam. ― 22
オミナエシ・*Patrinia scabiosifolia* Fisch. ex Trevir. ― 110,123
オヤブジラミ・*Torilis scabra* (Thunb.) DC. ― 158
オランダイチゴ・*Fragaria x ananassa* Duchesne ex Rozier ― 32,68,71,150,163
オリヅルラン・*Chlorophytum comosum* (Thunb.) Jacques ― 112
オリーブ・*Olea europaea* L. ― 160

カ行

カーネーション（オランダナデシコ）・*Dianthus caryophyllus* L. ― 46,94
カエデ（カエデ属）・*Acer* L. ― 15,151,175,193
ガガイモ・*Metaplexis japonica* (Thunb.) Makino ― 188
カキ（カキノキ）・*Diospyros kaki* Thunb. ― 101,150,168
カキツバタ・*Iris laevigata* Fisch. ― 71
カキドオシ・*Glechoma hederacea* L. subsp. *grandis* (A.Gray) H.Hara ― 32
カキノキ科・Ebenaceae ― 101
ガクアジサイ・*Hydrangea macrophylla* (Thunb.) Ser. f. *normalis* (E.H.Wilson) H.Hara ― 70,74
カサブランカ・*Lilium oriental* Group 'Casa Blanca' ― 112
カシ（コナラ属）・*Quercus* L. ― 142
カシワ・*Quercus dentata* Thunb. ― 184
カタクリ・*Erythronium japonicum* Decne. ― 112,170
カタバミ・*Oxalis corniculata* L. ― 50,177
カタバミ科・Oxalidaceae ― 50,79
カタバミ属・*Oxalis* L. ― 79
カナリーキヅタ・*Hedera canariensis* Willd. ― 25
カノコユリ・*Lilium speciosum* Thunb. ― 112

植物名索引

カバノキ科・Betulaceae ― 130,146

カブ・*Brassica rapa* L. var. *rapa* ― 21,92,110,154

カボチャ・*Cucurbita moschata* (Duchesne ex Lam.) Duchesne ex Poir. ― 160

ガマ・*Typha latifolia* L. ― 15,35,174

ガマ科・Typhaceae ― 15

カヤツリグサ科・Cyperaceae ― 30,48,119,125,131,179,182,183

カラスウリ・*Trichosanthes cucumeroides* (Ser.) Maxim. ex Franch. et Sav. ― 134,143

カラスザンショウ・*Zanthoxylum ailanthoides* Siebold et Zucc. ― 185

カラスノエンドウ（ヤハズエンドウ）・*Vicia sativa* L. var. *angustifolia* (L.) Wahlenb. ― 27,51,56,177

ガリア科・Garryaceae ― 15

カリフラワー・*Brassica oleracea* L. var. *botrytis* L. ― 154

カリン・*Chaenomeles sinensis* (Thouin) Koehne ― 162

カワラナデシコ・*Dianthus superbus* L. var. *longicalycinus* (Maxim.) F.N.Williams ― 91,121

カンアオイ・*Asarum nipponicum* F.Maek. ― 88,140

関山・*Cerasus serrulata* 'Kanzan' ― 195

キイチゴ（キイチゴ属）・*Rubus* L. ― 163,193

キウイフルーツ・*Actinidia chinensis* Planch. var. *deliciosa* (A.Cheval.) A.Cheval. ― 159

キオン属・*Senecio* L. ― 143

キカラスウリ・*Trichosanthes kirilowii* Maxim. var. *japonica* (Miq.) Kitam. ― 135

キキョウ・*Platycodon grandiflorus* (Jacq.) A.DC. ― 106,110

キキョウ科・Campanulaceae ― 106

キク・*Chrysanthemum morifolium* Ramat. ― 119

キク科・Asteraceae (Compositae) ― 14,31,49,61,67,80,85,110,119,125,146,178,186

キジカクシ科・Asparagaceae ― 21,34,112

209

キスゲ(ユウスゲ)・ *Hemerocallis citrina* Baroni var. *vespertina* (H.Hara) M.Hotta —— 121
キダチチョウセンアサガオ属・ *Brugmansia* Blume —— 106
キヅタ・ *Hedera rhombea* (Miq.) Bean —— 34
キツリフネ・ *Impatiens noli-tangere* L. —— 99
キバナハス・ *Nelumbo lutea* Willd. —— 69
キャベツ・ *Brassica oleracea* L. var. *capitata* L. —— 154,189
キュウリ(キウリ)・ *Cucumis sativus* L. —— 160
ギョウギシバ(バミューダグラス)・ *Cynodon dactylon* (L.) Pers. —— 32
キョウチクトウ・ *Nerium oleander* L. var. *indicum* (Mill.) O.Deg. et Greenwell —— 55,170,186
キョウチクトウ科・ Apocynaceae —— 55,188
キンギョソウ・ *Antirrhinum majus* L. —— 109
キンポウゲ科・ Ranunculaceae —— 70,82,99,136,152,155,186
クコ・ *Lycium chinense* Mill. —— 106
クズ・ *Pueraria lobata* (Willd.) Ohwi —— 94,110
クスノキ科・ Lauraceae —— 159
クダモノトケイソウ・ *Passiflora edulis* Sims —— 75
グラジオラス(グラジオラス属)・ *Gladiolus* L. —— 40
クリ・ *Castanea crenata* Siebold et Zucc. —— 52,62,141,151,156,168
クリスマスローズ・ *Helleborus niger* L. —— 151
クルミ(クルミ属)・ *Juglans* L. —— 118,129,182,193
クルミ科・ Juglandaceae —— 118
クレマチス→センニンソウ属
クロッカス(クロッカス属)・ *Crocus* L. —— 80
クロマツ・ *Pinus thunbergii* Parl. —— 64,171
クワ(クワ属)・ *Morus* L. —— 58,129,162,164
クワ科・ Moraceae —— 45,58,162
ケシ科・ Papaveraceae —— 70,153,186

ゲッカビジン・ *Epiphyllum oxypetalum* (DC.) Haw. ─── 138
ケヤキ・ *Zelkova serrata* (Thunb.) Makino ─── 175
ゲンゲ・ *Astragalus sinicus* L. ─── 95
コオニタビラコ・ *Lapsana apogonoides* Maxim. ─── 110
ゴクラクチョウカ・ *Strelitzia reginae* Banks ex Aiton ─── 120
ゴクラクチョウカ科・ Strelitziaceae ─── 120
コケ植物・ Bryophytes ─── 192
ココヤシ・ *Cocos nucifera* L. ─── 176
コスモス・ *Cosmos bipinnatus* Cav. ─── 110,126
コセンダングサ・ *Bidens pilosa* L. var. *pilosa* ─── 178
コチヂミザサ・ *Oplismenus undulatifolius* (Ard.) Roem. et Schult. var. *japonicus* (Steud.) Koidz. ─── 155
コチョウラン・ *Phalaenopsis aphrodite* Rchb.f. ─── 114
コデマリ・ *Spiraea cantoniensis* Lour. ─── 118
コトリトマラズ→メギ
コナラ・ *Quercus serrata* Murray ─── 27,62
コバノイシカグマ科・ Dennstaedtiaceae ─── 186
コブシ・ *Magnolia kobus* DC. ─── 67
ゴボウ・ *Arctium lappa* L. ─── 126
コマツナ・ *Brassica rapa* L. var. *perviridis* L.H.Bailey ─── 154
ゴマノハグサ科・ Scrophulariaceae ─── 79,109
コムギ・ *Triticum aestivum* L. ─── 30,156
コリアンダー・ *Coriandrum sativum* L. ─── 124
コンブ（コンブ科）・ Laminariaceae ─── 192

サ行

サイカチ・ *Gleditsia japonica* Miq. ─── 51,184
サウスレア・トリダクティラ・ *Saussurea tridactyla* Hook. f. ─── 127
サキシマスオウノキ・ *Heritiera littoralis* Dryand. ─── 22

サギソウ・ Pecteilis radiata (Thunb.) Raf. ──────────────── 114
サクラ(サクラ属)・ Cerasus Mill. ─ 16,27,52,54,58,61,66,69,75,89,160,189,193
サクラソウ・ Primula sieboldii E.Morren ──────────── 102,118
サクラソウ科・ Primulaceae ──────────────────── 102
ザクロ・ Punica granatum L. ──────────────────── 170
サザンカ・ Camellia sasanqua Thunb. ─────────── 66,74,94,138
サツマイモ・ Ipomoea batatas (L.) Poir. ───────────────── 21
サトイモ・ Colocasia esculenta (L.) Schott ────────────── 40
サトイモ科・ Araceae ──────────────── 40,61,87,139
サトウキビ・ Saccharum officinarum L. ──────────────── 156
サトザクラ・ Cerasus serrulata (Lindl.) G.Don ─────────── 195
サフラン・ Crocus sativus L. ─────────────────── 83
サボテン(サボテン科)・ Cactaceae ───────────────38,55,184
サラセニア(サラセニア科)・ Sarraceniaceae ─────────── 57
サルトリイバラ・ Smilax china L. ───────────────45,47,184
サルトリイバラ科(シオデ科)・ Smilacaceae ──────────── 45
サルビア→ヒゴロモソウ
シイ→スダジイ
シソ・ Perilla frutescens (L.) Britton var. crispa (Thunb.) H.Deane ─ 30,108,123
シソ科・ Lamiaceae (Labiatae) ──────── 30,32,41,55,69,79,87,108,132
シダ植物・ Pteridophyta ──────────────── 50,53,186,192
シバ・ Zoysia japonica Steud. ──────────────── 156,181
シバザクラ・ Phlox subulata L. ──────────────────── 102
シモクレン・ Magnolia liliiflora Desr. ─────────────── 83
シモツケ・ Spiraea japonica L.f. ────────────────── 123,152
ジャガイモ・ Solanum tuberosum L. ─────────────── 41,106
シャクナゲ(シャクナゲ亜属)
　　　　・ Rhododendron subgenus Hymenanthes ──────────── 62
ジャスミン(ソケイ属)・ Jasminum L. ─────────────── 102,139

植物名索引

ジャノヒゲ・*Ophiopogon japonicus* (Thunb.) Ker Gawl. ── 21,117
シュンギク・*Glebionis coronaria* (L.) Cass. ex Spach ── 126
ショウガ・*Zingiber officinale* (Willd.) Roscoe ── 47
ショウガ科・Zingiberaceae ── 47
ショクダイオオコンニャク・*Amorphophallus titanum* (Becc.) Becc. ── 139
ジョチュウギク→シロバナムシヨケギク
シラカシ・*Quercus myrsinifolia* Blume ── 59,62
シラカバ(シラカンバ)・*Betula platyphylla* Sukaczev var. *japonica* (Miq.) H.Hara ── 146
シラン・*Bletilla striata* (Thunb.) Rchb.f. ── 114
シログワイ・*Eleocharis dulcis* (Burm.f.) Trin. ex Hensch. ── 48
シロツメクサ・*Trifolium repens* L. ── 50
シロバナムシヨケギク・*Tanacetum cinerariifolium* (Trevir.) Sch. Bip. ── 186
シンビジウム(シンビジウム属)・*Cymbidium* Sw. ── 114
スイートピー・*Lathyrus odoratus* L. ── 80,88
スイカ・*Citrullus lanatus* (Thunb.) Matsum. et Nakai ── 151,160,168
スイカズラ・*Lonicera japonica* Thunb. ── 88
スイカズラ科・Caprifoliaceae ── 88,123,175
スイセン・*Narcissus tazetta* L. ── 75,80,112
スイレン(スイレン属)・*Nymphaea* L. ── 78
スイレン科・Nymphaeaceae ── 78,87
スギ・*Cryptomeria japonica* (L.f.) D.Don ── 14,128,146
スグリ・*Ribes sinanense* F.Maek. ── 46
スグリ科・Grossulariaceae ── 46
スゲ属・*Carex* L. ── 179,182
ススキ・*Miscanthus sinensis* Andersson ── 15,16,47,52,110,123,131,156,174
スズメノヤリ・*Luzula capitata* (Miq.) Miq. ex Kom. ── 170,182
スズラン・*Convallaria keiskei* Miq. ── 101,112,186

スダジイ・*Castanopsis sieboldii* (Makino) Hatus. ex T.Yamaz. et Mashiba ———— 142

スミレ・*Viola mandshurica* W.Becker ———— 96,153,169,177,182

スミレ科・Violaceae ———— 86,96

セイタカアワダチソウ・*Solidago altissima* L. ———— 125

セイタカダイオウ・*Rheum nobile* Hook. f. et Thomson ———— 62,126

セイヨウアブラナ・*Brassica napus* L. ———— 92

セイヨウカラシナ・*Brassica juncea* (L.) Czern. ———— 153

セイヨウタンポポ・*Taraxacum officinale* Weber ex F.H.Wigg. ———— 155

セージ・*Salvia officinalis* L. ———— 110

セリ・*Oenanthe javanica* (Blume) DC. ———— 110,117,123,136,143

セリ科・Apiaceae（Umbelliferae） ———— 21,85,117,124,158,178,195

セロリ・*Apium graveolens* L. var. *dulce* (Mill.) Pers. ———— 124

センニンソウ属・*Clematis* L. ———— 155

センノウ・*Silene senno* (Siebold et Zucc.) S.Akiyama ———— 91

センリョウ・*Sarcandra glabra* (Thunb.) Nakai ———— 72,80

センリョウ科・Chloranthaceae ———— 72

藻類・Algae ———— 192

ソメイヨシノ・*Cerasus* x *yedoensis* (Matsum.) A.V.Vassil. ———— 15,78,87,195

ソラマメ・*Vicia faba* L. ———— 154

タ行

ダイコン・*Raphanus sativus* L. var. *hortensis* Backer ———— 21,110

タイサンボク・*Magnolia grandiflora* L. ———— 67

ダイズ・*Glycine max* (L.) Merr. subsp. *max* ———— 20,154

タイム・*Thymus vulgaris* L. ———— 110

タイワンホトトギス・*Tricyrtis formosana* Baker ———— 89

タカサゴユリ・*Lilium formosanum* A.Wallace ———— 152

タコノキ・*Pandanus boninensis* Warb. ———— 24

植物名索引

タコノキ科・Pandanaceae ———————————————— 24
タチツボスミレ・Viola grypoceras A.Gray var. grypoceras ———— 177
タデ→ヤナギタデ
タデ科・Polygonaceae ——————————————— 30,62,87
タバコ・Nicotiana tabacum L. ——————————————— 106
タマネギ・Allium cepa L. ——————————————— 41,58,112
タマノカンアオイ・Asarum tamaense Makino ——————— 141
タラノキ・Aralia elata (Miq.) Seem. ——————————— 52,184
ダンギク・Caryopteris incana (Houtt.) Miq. ———————— 144
タンポポ(タンポポ属)・Taraxacum F.H. Wigg. — 14,71,112,126,151,154,174, 193
チヂミザサ・Oplismenus undulatifolius (Ard.) Roem. et Schult. ——— 179
チューリップ・Tulipa gesneriana L. ——————————— 41,46,112
チョウセンアサガオ・Datura metel L. ——————————— 106
チョロギ・Stachys sieboldii Miq. ——————————————— 41
チンゲンサイ・Brassica rapa L. var. chinensis (L.) Kitam. ———— 154
ツクバネウツギ・Abelia spathulata Siebold et Zucc. var. spathulata ——— 175
ツタ・Parthenocissus tricuspidata (Siebold et Zucc.) Planch. ——— 25,33,35
ツツジ(ツツジ属)・Rhododendron L. ——————————— 75,132
ツツジ科・Ericaceae ——————————————— 62,75,101,159
ツバキ(ヤブツバキ)・Camellia japonica L. ———— 15,16,72,74,80,94,138
ツバキ科・Theaceae ——————————————— 15,66
ツユクサ・Commelina communis L. ——————————— 81
ツユクサ科・Commelinaceae ——————————————— 81,121
ツリフネソウ・Impatiens textorii Miq. ——————————— 98,137
ツリフネソウ科・Balsaminaceae ——————————————— 98,153
ツルキジムシロ・Potentilla stolonifera Lehm. ex Ledeb. ———— 32
ツワブキ・Farfugium japonicum (L.) Kitam. ——————————— 111
テッポウユリ・Lilium longiflorum Thunb. ———— 15,16,74,87,112

215

テリハノイバラ・*Rosa luciae* Rochebr. et Franch. ex Crép.	87
デンドロビウム（セッコク属）・*Dendrobium* Sw.	26,114
トウガラシ・*Capsicum annuum* L.	106
トウダイグサ科・Euphorbiaceae	60,184
ドウダンツツジ・*Enkianthus perulatus* (Miq.) C.K.Schneid.	101,117,143
トウヒレン属・*Saussurea* DC.	126
トウモロコシ・*Zea mays* L.	20,24,131,156,162,168
ドクダミ・*Houttuynia cordata* Thunb.	45,60,118
ドクダミ科・Saururaceae	45
トケイソウ科・Passifloraceae	75
トケイソウ属・*Passiflora* L.	77
トチカガミ科・Hydrocharitaceae	132
トチノキ・*Aesculus turbinata* Blume	50
トチノキ科・Hippocastanaceae	50
トマト・*Lycopersicon esculentum* Mill.	70,106,159
トリカブト（トリカブト属）・*Aconitum* L.	70,99,186

ナ行

ナシ・*Pyrus pyrifolia* (Burm.f.) Nakai	93,162
ナス・*Solanum melongena* L.	80,104,159
ナス科・Solanaceae	41,70,80,104
ナズナ・*Capsella bursa-pastoris* (L.) Medik.	110,153
ナデシコ→カワラナデシコ	
ナデシコ科・Caryophyllaceae	46,86,88,91,110
ナンテン・*Nandina domestica* Thunb.	52,180,182
ニシキギ科・Celastraceae	54
ニセアカシア（ハリエンジュ）・*Robinia pseudoacacia* L.	47
ニッコウネコノメ・*Chrysosplenium macrostemon* Maxim. var. *shiobarense* (Franch.) H.Hara	139

ニホンスイセン・*Narcissus tazetta* L. var. *chinensis* M.Roem. ― 76
ニレ科・Ulmaceae ― 175
ニンジン・*Daucus carota* L. subsp. *sativus* (Hoffm.) Arcang. ― 21,124,195
ニンニク・*Allium sativum* L. ― 41
ヌスビトハギ・*Desmodium podocarpum* DC. subsp. *oxyphyllum* (DC.) H.Ohashi ― 158,178
ヌマスギ・*Taxodium distichum* (L.) Rich. ― 22
ネギ・*Allium fistulosum* L. ― 46,54
ネギ科・Alliaceae ― 41,46,112
ネコノメソウ・*Chrysosplenium grayanum* Maxim. ― 139,176
ネムノキ・*Albizia julibrissin* Durazz. ― 52
ノイバラ・*Rosa multiflora* Thunb. ― 93,193
ノカンゾウ・*Hemerocallis fulva* L. var. *disticha* (Donn ex Ker Gawl.) M.Hotta ― 121
ノゲシ・*Sonchus oleraceus* L. ― 49,62,112
ノダフジ→フジ

ハ行

パイナップル・*Ananas comosus* (L.) Merr. ― 162,164
パイナップル科・Bromeliaceae ― 162
ハイビスカス(フヨウ属)・*Hibiscus* L. ― 80
バイモ・*Fritillaria thunbergii* Miq. ― 45,56
ハエドクソウ科・Phrymaceae ― 109
ハギ(ハギ属)・*Lespedeza* Michx. ― 94,110
ハクサイ・*Brassica rapa* L. var. *glabra* Regel ― 154
ハコベ・*Stellaria neglecta* Weihe ― 110
ハゴロモジャスミン・*Jasminum polyanthum* Franch. ― 102
バジル・*Ocimum basilicum* L. ― 110
ハス・*Nelumbo nucifera* Gaertn. ― 32,67,68,156

和名	学名	ページ
ハス科	Nelumbonaceae	32
パセリ	Petroselinum crispum (Mill.) Fuss	124
ハタザオ	Turritis glabra L.	92
ハツカダイコン(ラディッシュ)	Raphanus sativus L. var. sativus	22
パッションフルーツ→クダモノトケイソウ		
ハトムギ	Coix lacryma-jobi L. var. ma-yuen (Roman.) Stapf	156
ハナシノブ科	Polemoniaceae	102
ハナゾノツクバネウツギ	Abelia x grandiflora (André) Rehder	175
ハナトリカブト	Aconitum chinense Siebold ex Paxton	99
ハナミズキ→アメリカヤマボウシ		
ハハコグサ	Gnaphalium luteoalbum L. subsp. affine (D.Don) Koster	110
パピルス(カミガヤツリ)	Cyperus papyrus L.	30
ハマヒルガオ	Calystegia soldanella (L.) R.Br.	15
バラ(バラ属)	Rosa L.	68,94,164,184
バラ科	Rosaceae	15,16,32,38,45,50,53,68,80,88,93,118,123,160,162,163,193
ハルジオン	Erigeron philadelphicus L.	31,125
ハンノキ	Alnus japonica (Thunb.) Steud.	130
ハンマーオーキッド(ドラケア属)	Drakaea Lindl.	116
ヒイラギ	Osmanthus heterophyllus (G.Don) P.S.Green	45,184
ヒガンバナ	Lycoris radiata (L'Hér.) Herb.	66,118
ヒガンバナ科	Amaryllidaceae	66,75,112
ヒゴロモソウ	Salvia splendens Sellow ex Roem. et Schult.	69,108
ヒシ	Trapa japonica Flerow	179
被子植物	Angiospermae	30,66,67,84,128,168,182,192
ピスタチオ	Pistacia vera L.	161
ヒトリシズカ	Chloranthus japonicus Siebold	72
ヒナゲシ	Papaver rhoeas L.	70,153
ヒノキ	Chamaecyparis obtusa (Siebold et Zucc.) Endl.	15,128,146

ヒノキ科・Cupressaceae ― 14,22
ヒマラヤザクラ・Cerasus cerasoides (D.Don) Sokolov ― 44,50,69,85
ヒマワリ・Helianthus annuus L. ― 66,110,126,168
ピーマン・Capsicum annuum 'Grossum' ― 106
ヒメイチゴノキ・Arbutus unedo 'Compacta' ― 101
ヒメカンアオイ・Asarum fauriei Franch. var. takaoi (F.Maek.) T.Sugaw. ― 81, 84
ヒメカンスゲ・Carex conica Boott ― 125
ヒメジョオン・Erigeron annuus (L.) Pers. ― 31,136
ヒメリンゴ→イヌリンゴ
ビャクダン科・Santalaceae ― 27
ヒヤシンス・Hyacinthus orientalis L. ― 112
ヒユ科・Amaranthaceae ― 40,86,178
ビヨウヤナギ・Hypericum monogynum L. ― 80
ヒラドツツジ・Rhododendron x pulchrum Sweet ― 133
ヒルガオ科・Convolvulaceae ― 15,21,27,33,88,103
ヒルギ科・Rhizophoraceae ― 22
ビワ・Eriobotrya japonica (Thunb.) Lindl. ― 162
フウセンカズラ・Cardiospermum halicacabum L. ― 175
フクジュソウ・Adonis ramosa Franch. ― 136
フジ・Wisteria floribunda (Willd.) DC. ― 33,51,94,154
フジバカマ・Eupatorium japonicum Thunb. ― 110
ブタクサ・Ambrosia artemisiifolia L. ― 146
ブドウ・Vitis vinifera L. ― 33,35,150,151,180
ブドウ科・Vitaceae ― 25,33,36
フトモモ科・Myrtaceae ― 55
ブナ・Fagus crenata Blume ― 14,117,118,129,145
ブナ科・Fagaceae ― 14,27,59,62,75,131,141,156,184
ブルーベリー（スノキ属）・Vaccinium L. ― 159

219

ブロッコリー・ *Brassica oleracea* L. var. *italica* Plenck ——————— 154
ヘチマ・ *Luffa cylindrica* (L.) M.Roem. ——————————— 160
ペチュニア・ *Petunia x hybrida* (Hook.f.) Vilm. ——————— 106
ヘビイチゴ・ *Potentilla hebiichigo* Yonek. et H.Ohashi ———32,71,164
ヘビノボラズ・ *Berberis sieboldii* Miq. ———————————— 79
ポインセチア・ *Euphorbia pulcherrima* Willd. ex Klotzsch ——— 60
ホウセンカ・ *Impatiens balsamina* L. ——————————— 153,177
ホオズキ・ *Physalis alkekengi* L. var. *franchetii* (Mast.) Makino —— 71,106,159
ボケ・ *Chaenomeles speciosa* (Sweet) Nakai ——————— 38,184
ボダイジュ・ *Tilia miqueliana* Maxim. ————————————— 175
ホタルイ・ *Schoenoplectus hotarui* (Ohwi) Holub ——————— 125
ホタルブクロ・ *Campanula punctata* Lam. var. *punctata* ————— 106
ボタン・ *Paeonia suffruticosa* Andrews ———————————— 68,72
ボタン科・ Paeoniaceae ————————————————— 68
ホトケノザ・ *Lamium amplexicaule* L. ————————————— 108
ホトトギス・ *Tricyrtis hirta* (Thunb.) Hook. ————————— 71,112
ポピー→ヒナゲシ
ポプラ(カナダポプラ)・ *Populus x canadensis* Moench ——— 130,142

マ行

マタタビ科・ Actinidiaceae ————————————————— 159
マツ(マツ属)・ *Pinus* L. ——————— 14,44,64,129,146,168,171,175,192
マツ科・ Pinaceae ——————————————————— 14,64
マツモ・ *Ceratophyllum demersum* L. —————————— 132
マツモ科・ Ceratophyllaceae ——————————————— 132
マツヨイグサ・ *Oenothera stricta* Ledeb. ex Link ——————— 89
マムシグサ・ *Arisaema japonicum* Blume ————————— 140

植物名索引

マメ科・Fabaceae (Leguminosae) —— 27,33,47,50,80,84,88,94,151,154,158,176,178,182

マユミ・Euonymus sieboldianus Blume —— 54

マルバユーカリ・Eucalyptus pulverulenta Sims —— 55

マンゴー・Mangifera indica L. —— 160

マンテマ・Silene gallica L. —— 92

ミカン（ミカン属）・Citrus L. —— 159

ミカン科・Rutaceae —— 159,185

ミズキ科・Cornaceae —— 60

ミズナ・Brassica rapa L. var. nipposinica (L.H.Bailey) Kitam. —— 154

ミズバショウ・Lysichiton camtschatcense (L.) Schott —— 61,118

ミソハギ科・Lythraceae —— 170,179

ミツバ・Cryptotaenia japonica Hassk. —— 124

ミヤマスミレ・Viola selkirkii Pursh ex Goldie —— 98

ミント（ハッカ属）・Mentha L. —— 110

ムクロジ科・Sapindaceae —— 15,52,175

ムシトリナデシコ・Silene armeria L. —— 92

ムラサキ科・Boraginaceae —— 76

ムラサキサギゴケ・Mazus miquelii Makino —— 108

ムラサキツユクサ・Tradescantia ohiensis Raf. —— 121

メギ・Berberis thunbergii DC. —— 79

メギ科・Berberidaceae —— 52,79,98

モウセンゴケ・Drosera rotundifolia L. —— 56

モウセンゴケ科・Droseraceae —— 56

モクセイ科・Oleaceae —— 45,102,160

モクレン・Magnolia liliiflora Desr. —— 72,89

モクレン科・Magnoliaceae —— 67,72,78,82,135,143

モダマ・Entada tonkinensis Gagnep. —— 158,176

モモ・Amygdalus persica L. —— 160,168

ヤ行

ヤエムグラ・*Galium spurium* L. var. *echinospermon* (Wallr.) Hayek —— 46
ヤエヤマブキ・*Kerria japonica* (L.) DC. f. *plena* C.K.Schneid. —— 94
ヤシ（ヤシ科）・Arecaceae（Palmae） —— 176
ヤツデ・*Fatsia japonica* (Thunb.) Decne. et Planch. —— 45,50,59,125
ヤドリギ・*Viscum album* L. var. *coloratum* (Kom.) Ohwi —— 27
ヤナギ（ヤナギ属）・*Salix* L. —— 72,118,171,174,193
ヤナギ科・Salicaceae —— 72,75,86,130,142
ヤナギタデ・*Persicaria hydropiper* (L.) Delarbre —— 30
ヤブガラシ・*Cayratia japonica* (Thunb.) Gagnep. —— 36,51,68,121,143
ヤブジラミ・*Torilis japonica* (Houtt.) DC. —— 178
ヤブラン・*Liriope muscari* (Decne.) L.H.Bailey —— 112
ヤマグワ・*Morus australis* Poir. —— 58
ヤマゴボウ科・Phytolaccaceae —— 180
ヤマトリカブト・*Aconitum japonicum* Thunb. subsp. *japonicum* —— 99
ヤマブキ・*Kerria japonica* (L.) DC. —— 53,93
ヤマフジ・*Wisteria brachybotrys* Siebold et Zucc. —— 33
ユーカリノキ属・*Eucalyptus* L'Hér. —— 55
ユキノシタ・*Saxifraga stolonifera* Curtis —— 32,88,123
ユキノシタ科・Saxifragaceae —— 32,85,139
ユズ・*Citrus junos* (Makino) Siebold ex Tanaka —— 160
ユリ（ユリ属）・*Lilium* L. —— 112,153
ユリ科・Liliaceae —— 15,41,45,71,85,112
ユリズイセン・*Alstroemeria pulchella* L.f. —— 112
ユリズイセン科・Alstroemeriaceae —— 112
ヨウシュヤマゴボウ・*Phytolacca americana* L. —— 180
ヨシ・*Phragmites australis* (Cav.) Trin. ex Steud. —— 156
ヨーロッパキイチゴ・*Rubus idaeus* L. subsp. *idaeus* —— 163

ラ行

裸子植物・Gymnospermae ―― 14,20,66,129,168,171,192
ラズベリー→ヨーロッパキイチゴ
ラフレシア・Rafflesia arnoldii R.Br. ―― 140
ラフレシア科・Rafflesiaceae ―― 140
ラベンダー・Lavandula angustifolia Mill. ―― 88,108
ラン科・Orchidaceae ―― 25,80,88,114,176
リンゴ・Malus pumila Mill. ―― 93,150,151,162
リンドウ・Gentiana scabra Bunge var. buergeri (Miq.) Maxim. ex Franch. et Sav. ―― 34
リンドウ科・Gentianaceae ―― 34
レタス・Lactuca sativa L. ―― 126
レモン・Citrus limon (L.) Osbeck ―― 160
レモンバーム・Melissa officinalis L. ―― 110
レンゲソウ→ゲンゲ
ローズマリー・Rosmarinus officinalis L. ―― 110

ワ行

ワスレグサ科・Hemerocallidaceae ―― 121
ワスレナグサ・Myosotis alpestris F.W.Schmidt ―― 76,104,120
ワタ・Gossypium arboreum L. var. obtusifolium (Roxb.) Roberty ―― 171
ワラビ・Pteridium aquilinum (L.) Kuhn ―― 186

著者略歴

矢野 興一（やの おきひと）

1981年、神奈川県出身。
東京大学総合研究博物館特任研究員などを経て、現在は岡山理科大学生物地球学部助教。
岡山理科大学大学院総合情報研究科博士課程（後期）修了、博士（学術）。
専門は植物系統進化・分類学。
ヒマラヤから中国、日本で多様化した植物について、外部形態・染色体・DNA分析を用いた系統進化・分類学的研究を進めている。

観察する目が変わる植物学入門
意外と知らない草木のつくり

2012年 5月25日	初版発行
2014年 7月31日	第4刷発行

著者	矢野 興一
本文イラスト	西本 眞理子
DTP	WAVE 清水 康広
校正	曽根 信寿
カバーデザイン	福田 和雄（FUKUDA DESIGN）
カバーイラスト	山田 博之

©Okihito Yano 2012. Printed in Japan

発行者	内田 眞吾
発行・発売	ベレ出版 〒162-0832　東京都新宿区岩戸町12 レベッカビル TEL.03-5225-4790　FAX.03-5225-4795 ホームページ　http://www.beret.co.jp/ 振替 00180-7-104058
印刷	三松堂株式会社
製本	根本製本株式会社

落丁本・乱丁本は小社編集部あてにお送りください。送料小社負担にてお取り替えします。

本書の無断複写は著作権法上での例外を除き禁じられています。
購入者以外の第三者による本書のいかなる電子複製も一切認められておりません。

ISBN 978-4-86064-319-5 C2045　　　　　　　編集担当　永瀬 敏章